植物塑造的
人类史

香料和棉花改变世界

史　军◎著

中国出版集团有限公司
China Publishing Group Co., Ltd.

现代出版社

图书在版编目（CIP）数据

香料和棉花改变世界 / 史军著. -- 北京：现代出
版社，2025.5. --（手绘版植物塑造的人类史）.
ISBN 978-7-5231-1324-0

I. Q94-49

中国国家版本馆CIP数据核字第2025M0P712号

香料和棉花改变世界（手绘版植物塑造的人类史）
XIANGLIAO HE MIANHUA GAIBIAN SHIJIE（SHOUHUIBAN ZHIWU SUZAO DE RENLEISHI）

著　　者　　史　军

选题策划　　申　晶
责任编辑　　申　晶　滕　明
责任印制　　贾子珍
出版发行　　现代出版社
地　　址　　北京市安定门外安华里504号
邮政编码　　100011
电　　话　　(010) 64267325
传　　真　　(010) 64245264
网　　址　　www.1980xd.com
印　　刷　　北京瑞禾彩色印刷有限公司
开　　本　　710mm×1000mm　1/16
印　　张　　10.5
字　　数　　100千字
版　　次　　2025年5月第1版　2025年5月第1次印刷
书　　号　　ISBN 978-7-5231-1324-0
定　　价　　42.00元

谨以此书献给塑造我身体的父母
和塑造我生活的妻子

目录

终章

生命的终极奥义

第一章

植物和货币

植物在货币发展过程中承担了重要的作用，特别是在古代中国，粮食实际上一直行使着法定货币的功能。所有税收和社会物资流通的调节都是以粮食为基础的，典型的小农经济社会由此诞生。

　　去巴厘岛旅行，会看到阳光、沙滩和各种各样奇特的热带植物，只是在这里吃饭让我颇为挠头。印度尼西亚菜是加了各种香料并用椰子油烹制的菜肴，味道复杂得如同不同乐器的声音同时响起，我的舌头对这种味道是抗拒的。印度尼西亚人为什么会对这种味道的菜肴情有独钟？我将在下个章节与大家讨论。而在本章中，我要讨论的是另一个让我头疼的问题，那就是使用当地货币印度尼西亚盾来结算餐费。

　　印度尼西亚盾的面额很大，按照 2020 年 7 月 17 日的汇率计算，1 元人民币可以兑换 2000 印度尼西亚盾，所以一顿饭下来，花出去十几万印度尼西亚盾是非常平常的事。按理说，中国人的心算和口算能力都是世界一流的，但是在这些大面额钞票面前，我迷茫了，究竟该付多少钱，找回多少零钱？

　　如果是 AA 制就餐，我又该向每个朋友收多少钱，简直就是一个可以把大脑逼"死机"的神操作。这恰恰印证了之前我所说的，"人类的大脑并不是为了处理复杂数据，特别是大数据而生的"。

　　那么，问题来了，不管是人民币，还是印度尼西亚盾，纸币本身并不能成为我们的食物和衣物，或者药片。为什么我们都信任这些花花绿绿的小纸片（当然，有些纸币并不受人待见，比如到成书时仍然形同废纸的津巴布韦币）？

　　我们都认为用这些纸币可以买到我们想要的东西，我们接受这些纸片作为工资，接受这些纸片作为报酬，也接受这些纸

一般等价物都有实际用途，丝绸、棉布和可可豆都曾经是重要的货币。

片作为与买卖货物等值的物件。

但是，如果是一只黑猩猩想用这样的纸片去换取其他黑猩猩手中的白蚁串，它一定会挨揍的。因为用钞票进行物品的交易和买卖，是人类独有的特殊行为。

货币是如何出现的？这个问题在众多经济学著作中都有解释，通常举例子的一般等价物就是金银，但事情并非这么简单，很多一般等价物都有实际用途，比如丝绸、棉布和可可豆都曾经是重要的货币。相反，让人们接受金银却着实费了一番功夫，这又是为什么呢？

人类为什么需要货币？

人类为什么需要货币？最简单直接的解释就是便于商品交换。

人类在农作物的诱惑下定居了下来，又因为农作物的需求出现了大规模的协作。在长期协作的过程中，人群之中出现了更为精细的分工，随之而来的是生产效率的提升。精于种小米的人，有了多余的小米；精于养殖的人，有了多余的鸡蛋；精于织布的人，也有了多余的麻布。

种谷子的人可以用谷子交换鸡蛋或布匹，但是交易的前提是对方需要谷子。如果种谷子的人想拿谷子换取麻布来做一身新衣裳，但是织布匠并不需要谷子，因为他昨天刚刚换了一大缸谷子，他更需要鸡蛋。这样一来，种谷子的人就要先拿谷子去换鸡蛋，再用鸡蛋换麻布。如果卖鸡蛋的人也恰好不需要谷子，那该怎么办呢？

物物交换还存在另一个问题，就是产品的质量不统一且不稳定。虽然同样是谷子，但口味和质量可能相差很大。同样是用一袋谷子交换 10 个鸡蛋，如果用的是优质的谷子，自然没问题，但如果用的是掺杂了许多石头且存放时间过长的谷子，交易就无法达成了。

后来，人们发现市场上有一家生意特别好的铁匠铺，他们锻造的镰刀质量过硬且稳定，大家都认可这种商品的价值。即便你不需要使用镰刀去收割谷子，你也可以用镰刀去交换你想要的东西。于是，人们开始把商品换成镰刀，再用镰刀去换取自己想要的商品。

人们发现镰刀还有一个好处，那就是可以长期保存。谷子或鸡蛋如果不吃掉就会腐坏，但是镰刀与之不同，它可以长久保存，有需要的时候再拿出来交换商品。于是，镰刀就成了一般等价物。

再后来，部落的首领也发现了这一现象，便命令铁匠打造了一些缩小版的镰刀。虽然这些镰刀并不能用于收割谷子，但

是它们仍然能进行正常的交换，而且价格稳定。于是，这种缩小版的镰刀就成了人类最早使用的货币。今天我们在博物馆看到的中国古代货币，很多都是缩小版的农具或者其他金属工具。

当然，一些稀有的装饰物也可以成为货币，比如在内陆区域不易获得的贝壳，或者是自然界本来就稀缺且不易开采的黄金，它们都拥有货币历史。直到今天，黄金仍然是最保值，也最容易让人接受的货币。

然而，并不是所有人类文明存在的区域都有这样的铁匠铺，也不是所有地方的人都对黄金和贝壳好奇，比如，当年美洲原住民就很难理解欧洲殖民者拿到黄金和白银时表现出的那种癫狂。为什么黄色和白色的金属块能让人走火入魔？这恐怕是当时的印第安人想破头也想不明白的问题。

今天我们在博物馆看到的中国古代货币，很多都是缩小版的农具或者其他金属工具。

南美洲的人类选择了完全不同的一般等价物，那就是植物类制品。植物类制品恰恰能满足作为一般等价物的三个条件：有实用性，大家都能接受，并且能够长时间保存。很多植物或者植物制品都曾作为货币极大地推动了人类社会的经济发展。

可可豆如何从硬通货变为全球美食？

在传统种植条件下，可可豆的产量实在不高。在阿兹特克帝国统治时期，周边部落都需要将可可豆作为贡品进行朝贡。这种稀缺性，一度让可可豆成为阿兹特克帝国的通用货币。当时，用 80~100 粒可可豆就可以买来一套华丽的服饰，而这仅仅相当于两个可可果的产量（每个可可果里面都有 30~50 粒可可豆）。

与金银不同，可可豆这类硬通货是可以吃的。美洲人吃可可豆的历史非常久远，在墨西哥的考古发掘中，考古人员发现了公元前 1900 年存放在容器里的可可豆。此外，在多处不同年代的遗址中都发现了可可豆，奥尔梅克人、玛雅人、阿兹特克人都喜欢吃可可豆。

在美洲神话中，可可豆被视为神赐的食物。在玛雅人的传

在阿兹特克帝国的统治下，周围的部落都需要将可可豆作为贡品进行朝贡。可可豆一度成为阿兹特克帝国的通用货币。

说中，可可豆是羽蛇神（Plumed Serpent）赐予玛雅人的食物。无独有偶，在阿兹特克人的神话传说中，羽蛇神在满是食物的神山之上找到了可可树，并把它赐予了阿兹特克人。这些神话传说都表明这种食物拥有非常悠久的历史。

可可树的拉丁文属名是 "*Theobroma*"，由著名植物学家林奈命名，意为 "神的食物"（*theo*=god，*broma*=food）。起这个名字，大概是因为林奈比较迷恋可可的滋味吧。

可可树的神奇之处与生长特性有关系。常见的桃、李、梅、杏等植物，花朵大小与果子大小基本上是成比例的。而可可树的花朵很小，大概只有成人大拇指的指甲盖那么大。实在无法想象，这样小的一朵花，将来会变成一个比拳头还大的果子。而且，这些果子并不是挂在嫩枝上，而是直接长在树干上。这种神奇的 "老茎生花" 现象也增添了可可的神秘感。

不过，在可可的原产地，它的名字就不那么高雅了，阿兹特克人称其为 "xocoatl"，意思是 "苦水"，这倒确实符合可可的基本味道。欧洲人最初看到美洲人吃可可的方法时，简直无法接受。美洲人会把磨碎的可可倒入由辣椒、香草、玉米粉和米自红木的胭脂树红混合而成的浆液中，打出泡沫，然后开始畅饮。

这种饮料在阿兹特克人看来是获得勇气的象征，因为它像敌人的鲜血；而欧洲人对其评价是 "简直像泔水"。尽管如此，这样奇异的饮料却让人欲罢不能，因为可可中的咖啡因和可可

碱会带来非常特别的舒适感。

除了这些生物碱，可可的风味物质也极具吸引力。打开一个可可果，里面并不是棕黑色的巧克力，而是一堆裹着像冰激凌一样的白色果肉的种子，这层果肉有淡淡的酸甜味，但它并不是制作巧克力的关键原料。制作巧克力，需要把可可豆取出来进行堆积发酵。

在经过3~9天的发酵之后，可可豆开始散发迷人的香气，这个时候就需要把发酵好的可可豆晒干，然后打包销售，或者进入下一步烘焙。烘焙的作用是让发酵产生的风味物质进一步反应，最终形成巧克力的独特味道。烘焙好的可可豆经过研磨、搅拌，就能制作成巧克力了。

后来，西班牙的贵妇们把巧克力浆里添加的辣椒面和玉米粉，换成了肉桂、胡椒和肉豆蔻，而后又加入精致的细砂糖和牛奶，于是就出现了现代意义上的巧克力。

随着加工技术的发展，利用压力设备可以把可可液块中的可可粉与可可脂分开。可可粉可以作为冲饮原料，而乳白色的可可脂则用于调配巧克力原浆（可可液块），制成不同可可含量的巧克力。如果直接用可可脂加工巧克力，就会得到白巧克力。

除了上面介绍的这些巧克力，市场上还有一些特别奇怪的巧克力：有的苦味很重，有的嚼起来像面团。实际上，"面团巧克力"并不是真的巧克力，真的巧克力会在舌尖自然融化，带来丝滑的口感。这种美妙的体验源于可可脂特殊的性质——熔点（34～38℃）与人体体温相近。而很多使用代可可脂的巧克力风味产品，就没有这样的魅力。

代可可脂实际上是利用棕榈油氢化而成的制品，通常来说，代可可脂的熔点比较高，口腔的温度难以让其融化，也就有了嚼面团的感觉。代可可脂因为易成形、加工方便且价格低廉，所以被广泛用于各种巧克力风味的食品中，只是其味道实在远不及真正的巧克力。

食用巧克力会让人感到幸福，这是因为巧克力中的可可碱会刺激我们的大脑产生多巴胺，这种物质与我们感受快乐和爱直接关联。简单来说，一家人其乐融融吃年夜饭时的幸福感，正是多巴胺的作用。但是，有些动物却无福消受巧克力，比如狗狗。

网上流传的"不能给狗狗吃巧克力"的说法确实是真的，因为巧克力中的可可碱和咖啡因会让狗狗中毒，出现心跳加快、呕吐等症状，类似于人在短时间内喝下大量意式浓缩咖啡时的症状。狗狗吃巧克力中毒的严重程度与巧克力中的可可碱含量，以及狗狗的体重都有直接关系。大型犬如果误食了一点牛奶巧克力，通常问题不大；如果误食的是白巧克力，就更不用担心了。

直到西班牙人来到美洲时，可可豆仍然是阿兹特克帝国的硬通货。殖民者在国王的宫殿里找到了数以万计的可可豆，按照当时的可可豆价格计算，这可是一笔相当惊人的财富。

谷物和布帛为何会成为硬通货?

在地球另一端的中国，丝绸、布帛和小米曾经都是实打实的硬通货。我们在很多古籍中都会看到一个有趣的现象，皇帝动不动就给功臣们赏赐丝帛，或者将官员的俸禄折合成多少斗小米。问题是，官员家不能只吃小米，而且按照礼仪要求，皇帝赏赐的丝绸和布帛也不能随意裁剪、做衣服。难不成这些赏赐和俸禄是让大家放在仓库里欣赏的？当然不是！其实，其中隐藏着一个关键的问题：谷物和绢帛本身就是当时的货币。

从东汉到魏晋时期，中国人一直在把粮食和纺织品当作货币使用。不管是上缴的赋税，还是做生意的资本，都可以用谷物和绢帛来结算。你可能会问：当时不是有金银和铜钱吗？

实际上，中国古代的金属货币系统屡屡崩溃。特别是从王莽篡权开始，汉代的五铢钱体系几近崩溃，魏文帝曹丕不得不同意在市场上用谷物和绢帛充当货币，所以这两类物品才有了实际消费和货币的双重职能。

中国的纺织品是如何发展而来的呢？

在中国纺织历史的典籍里，常常提到嫘祖，她是黄帝的妻子，相传就是她首先发现了蚕丝可以纺织成丝绸，并教会人们栽培桑树且用桑叶养蚕。于是，中国人穿上了舒适轻薄的丝绸衣物。然而，许多人可能会误以为中国人最初都穿丝绸，但事实并非如此。

从商周时期到秦汉时期，中国人的衣物都有明显的等级区分，只有王公贵族可以穿着蚕丝制成的衣物。直到西汉时期，也不是所有人想怎么穿就怎么穿，即便是有财力购买丝绸的商人，如果地位不高，也只能把丝绸作为衣物内衬，悄悄用在麻布衣服当中，因此产生了"丝里枲表"这种特别的衣物。

在棉花织物普及之前，麻布才是中国人主要使用的衣物原料。明代之前所说的"布"，指的就是麻布。如今，麻织物又成了新兴的纺织材料，麻质的衣物更凉爽透气、耐磨且不易霉变，做夏天的衣物再合适不过了。看似我们找到了一种全新的纺织材料，但实际上，麻才是中国传统的衣物材料。不过，我们说的"麻"并不是单一品种，而是对苎麻、亚麻、大麻的通

称。其中，当数苎麻作为衣物材料的历史最为悠久。

苎麻是荨麻科的植物，这个科的成员包括大名鼎鼎的"蝎子草"——荨麻，如果被这些家伙刺伤，就会体验火烧火燎的刺痛，皮肤上还会长出大大小小的水泡。还好，苎麻要温柔许多。早在 6000 多年前，我们的祖先就开始用苎麻茎秆中的纤维编织麻绳；到距今 4700 多年前，我们的祖先就可以用苎麻织造衣物；到距今 2000 多年前，精细的苎麻布已经出现。周代甚至还有专门管理苎麻生产和征收的官员。因为苎麻的产量高，所以它很长时间都是普通百姓的重要衣物来源。

与此同时，有条件的贵族更喜欢蚕丝制成的绫罗绸缎。道理其实很简单，因为苎麻织出的布会扎人。苎麻的纺线同其他材料的纺线类似，是由很多根苎麻纤维混合而成的。在合成纺线的时候，总有一些纤维会探出头，这些被称为"毛羽"的纤维头就是让人感觉刺痒的根源。苎麻的纤维头通常很尖，更是让人刺痒难耐。所以，在棉花大规模种植之后，苎麻就被从衣物主力的位置上赶了下来。

当然，并不是所有的麻都扎人，亚麻的性能就要好得多。亚麻的纤维头是哑铃状的，即便形成毛羽也不会让人感觉到明显的刺痛，所以是更理想的纤维材料。

实际上，亚麻是西方重要的纺织材料，其地位类似中国栽种的苎麻。古埃及人在一万多年前就开始利用这种亚麻科的植物了，法老木乃伊身上裹着的就是亚麻布条。但是亚麻织物抗皱性较差，所以大大限制了它们在现代衣物中的使用。

与麻相比，真正性能平衡且能够大量供应衣物生产的原料，还是棉花。

草棉、亚洲棉、大陆棉和海岛棉有何区别?

在西方的传说中，棉花被描绘成一种神话般的植物，它们来自一只小羊，当小羊把身旁的绿叶啃食干净的时候，就会留下一身洁白的羊毛供人们采摘。

公元 10 世纪左右，棉花种植技术被带到了西班牙，棉花在那里生根发芽，成为欧洲棉纺织业的开端。但是，当印度的印花布被贩卖到欧洲时，欧洲人立刻就被这种面料征服了。其柔软的质地、舒适的穿着感，加上艳丽的色彩，堪称完美的衣服材料。以至于到了 18 世纪，欧洲才有了真正意义上的棉纺织品。

如今，棉花已经成为运用最广泛、用量最大的天然纺织材料。这跟棉花出色的性能是分不开的。棉花具有纤维长、易于纺线、容易固色、吸湿性和透气性俱佳的特点，简直是专为人类衣物而生的材料。

虽然名为"棉花"，但我们用的并不是棉花的花，而是种

子上的纤维附属物。就好像人会长出头发一样，棉花的种子会长出很多雪白的纤维。虽然表面上看这些棉花纤维是白色的，但是用显微镜观察会发现它们其实是透明的。这是因为这些纤维并不是实心的，中间填充的空气使其看起来呈白色。也正是因为中空的结构，棉花才有了很好的保暖性和透气性。

我们常说的棉花并不是单一植物，人类种植的棉花有四种，分别是草棉、亚洲棉、大陆棉和海岛棉。其中，草棉发源于非洲南部，一直向东传入中国。但是由于纤维粗短，不适合纺织，现在已经很少栽种草棉了。亚洲棉是我们国家栽种历史最长的棉花种类，这些棉花从印度经过缅甸、泰国和越南传入我国南方，在战国时期就有种植棉花的记录，但是一直到12世纪才真正推广到全国。在随后的数百年时间里，亚洲棉一直是中国棉花的主力。然而，亚洲棉的纤维还是不够长，在大陆棉出现之后，它很快就被取代了。

目前，世界上种植最多的是来自美洲的大陆棉和海岛棉，大陆棉原产于中美洲的大陆地区，而海岛棉的老家则在南美洲、中美洲和加勒比海地区。这两种棉花的棉纤维都很长，非常适合纺织。大陆棉的栽种性能优良，其产量几乎占全球棉花的90%以上；海岛棉的产量虽然只有5%～8%，但是海岛棉的纤维是四种棉花中最长的，所以被用于纺织高档面料，堪称棉花中的贵族。

棉花的种植不仅推动了纺织业的发展，还直接促进了社会经济的变革。

棉纺织业如何促进经济高速发展？

时至今日，江浙沪区域已然成为中国经济最发达的区域之一。但是，在唐朝之前，这里还是一片泽国的荒芜区域。当时，中国经济的中心仍然在华北和关中区域。

江南区域的兴起和发展与两个历史事件密切相关。其一是宋朝的南迁。随着人口迁移而来的还有大量的资本和先进的生产技术。当时，中国北方一直处于战乱状态，而在长江这条天然护城河的防御之下，江南的农业和手工业得以迅速发展。在众多南下的移民的努力下，很多沼泽都被开垦成了农田，并且移民带来了桑蚕纺织技术，很快就让江南区域成为中国的丝织品制造中心，并一直延续至今。实际上，在宋朝之前，山东才是中国丝绸生产的核心区域。

其二是明代江南区域棉纺织业的兴起，极大促进了江南经济的发展。为什么粮食和蔬菜的生产未能刺激经济和市场的空前发展，而棉纺织业却做到了？其实原因很简单：粮食和蔬菜的消费都有上限。在不考虑用粮食和蔬菜饲养动物、获取肉食的情况下，一个成年人一天能吃多少米饭、一年能消耗多少蔬菜，

基本上不会有太大波动。即便是有钱的地主阶级，也不可能无限制地购买粮食和蔬菜。在这种情况下，农业生产总量的天花板显而易见。即使产量大幅提高，也难以推动经济的高速发展。

但是，纺织品就完全不一样了，即便在旧衣服没有破损的情况下，我们仍然可以穿上新的衣服。通过商人的宣传和推广，我们衣柜里的衣服就会不停增加，而这个市场理论上是没有上限的——谁不愿意拥有更多、更漂亮的衣服呢？

如果商品的售价过高，势必会影响商品的售卖，毕竟吃饱穿暖才是第一要务，而穿得漂亮是更高层次的追求。最初的棉织品价格昂贵，是因为棉花生产中存在难以逾越的困难，其中最难的就是把棉花种子从棉花中剥离出来。

与其说种子混在棉花里，不如说棉花长在种子上，每一条棉纤维都紧密地附着在种皮之上。在轧棉机出现之前，需要靠人力一粒一粒地把种子剥出来，一个熟练工一天能够加工的棉花不过二三斤。这就使得棉织品的价格居高不下。

宋末元初，黄道婆的新技术为纺织品变成商品带来了新的契机。黄道婆不仅发明了去除种子的轧棉机器，还改进了纺织工艺，极大地提高了棉纺织品的生产效率。

从元代开始，江南区域出现了棉花与水稻轮作的耕种方式，为棉纺织业提供了充足的原料。

在纺织技术和原料的双重支持下，江南区域的纺织业得以蓬勃发展，江南区域也一跃成为当时中国经济最为发达的区

在纺织技术和原料双重条件的支持之下，江南区域的纺织业蓬勃发展，江南区域也一跃成为经济最为发达的区域。

域。负责管理纺织品的江宁织造，也成为举足轻重的官员。著名文学家曹雪芹的祖父曹寅就曾经担任江宁织造。

从曹雪芹在《红楼梦》中的描写，我们可以感受到这个官职为曹府带来的收益是何等巨大。刘姥姥进大观园的时候，被一道名为"茄鲞"的菜品震撼了。茄鲞怎么做，凤姐儿如是说："这也不难。你把才下来的茄子把皮刨了，只要净肉，切成碎钉子，用鸡油炸了，再用鸡脯子肉并香菌、新笋、蘑菇、五香腐干、各色干果子，俱切成钉子，用鸡汤煨了，将香油一收，外加糟油一拌，盛在瓷罐子里封严，要吃时拿出来，用炒的鸡瓜一拌就是。"如此繁复奢侈的菜品也仅仅是贾府中的一道寻常小菜。

很多读者可能跟我一样，无法理解一个掌管纺织的官员为何有如此大的阵势。

不卖香料卖什么？

在地球的其他角落，棉花也推动着历史的发展。17 世纪中叶，英国人与荷兰人就殖民地利益打得不可开交。1664 年，英国人用摩鹿加群岛的香料贸易权与荷兰人做了一笔交易，换取了北美东海岸的一小块殖民地。当时，这块荷兰殖民地只是一个进行皮草贸易的小港口，看起来并没有多大的价值。就在荷兰人心中窃喜的时候，英国人已经开始构建日不落帝国的宏大事业。这一块不起眼的殖民地——新阿姆斯特丹，就是今天的纽约。英国人不仅想要一个奢侈品的产地，更想要一个可以攫取巨大利益的市场。

东印度公司开始向印度输出工业生产的棉布，彻底击溃了印度的手工业体系。随之而来的是各种商品的倾销和原材料的掠夺，如此一进一出，将印度等殖民地积累了上千年的财富尽数卷入囊中。棉花不仅是简单的衣物，还扮演着财富收割机的角色。

史军老师说

那些与货币有关的植物：

棉花：制造纸币的重要原料。

桑树：古代曾用桑皮纸作为货币的一种载体。

桃花心木：因其木材珍贵，在一些地区曾被用作实物货币或用于交换贵重物品。

可可豆：因在自然条件下，产量极低，且被人类当作重要食物，一度被当作货币使用。

第二章

把世界连接
在一起的植物

在棉花和棉织品成为重要商品之前，人类就开始寻
求那些价格高昂的植物制品，并试图获取高额利润。正
是这个动机最终促成了地理大发现，也让整个世界最终
连接成一个整体。

人类会被丁香、肉豆蔻等香料的独特味道吸引，其实是人类主动追求刺激的结果，亦是对味觉极限的挑战。

先说一个我亲身经历的事情——去巴厘岛学做印度尼西亚菜。印度尼西亚菜与中餐的基本做法非常类似，蒸、煮、煎、炒、炸几乎是一样的。如果不说明吃饭的地点，还以为进了中国云南的某家小餐馆。然而，不一样的地方差异也很明显，就拿制作印度尼西亚菜的作料来说，生姜、大蒜、洋葱、胡椒、丁香、大料、桂皮、姜黄、香茅草都要来一点，最后再用堪比猪油的椰子油翻炒。这样的作料配上炸串，吃一串就不想再吃第二串。我突然明白，为什么那么多中国人吃不惯印度尼西亚菜了——这么多不搭调的香料混合在一起，怎么会好吃呢？

但是在热带区域，人们却乐此不疲，特别是印度的咖喱和印度尼西亚的传统菜肴，用复杂的香料制作浓郁的酱料，难道只是为了获得舌尖上的愉悦感吗？

人类会被香料的独特味道吸引，是人类主动追求刺激的结果，亦是对味觉极限的挑战。

咖喱背后藏着怎样的秘密?

凡谈咖喱,多半想到的就是印度咖喱。"咖喱"这个词几乎是同印度绑定在一起的。我第一次吃印度咖喱是在斯德哥尔摩,那种强烈的味道实在让人无法忘怀。

印度咖喱通常由辣椒、胡椒、洋葱、大蒜、生姜几种必选主料,以及小茴香、肉豆蔻、桂皮、丁香、小豆蔻几种可选配料混合而成,再用姜黄上色。至于煮的东西也是千差万别,鸡肉、羊肉和各种蔬菜都可以成为咖喱的配料,其中又以蔬菜和鱼为主。特别需要提醒的是,我们最熟知的菜式——咖喱牛肉在印度几乎是不会出现的,因为绝大多数印度人是不吃牛肉的!并且大多数印度人(特别是印度教徒)是素食主义者。

与我们的想象不同,印度并没有统一标准的咖喱配方,"咖喱"(curry)一词的本义是酱汁,所有煮成浓稠状的肉汤或者豆子汤都可以被称为广义上的咖喱,也可以说酱汁搭配的菜是咖喱。不同区域的口味千差万别,什么是标准的印度咖喱味,其实是个没有答案的难题。附带说一下,辣椒是葡萄牙人在 16 世纪才带到印度的,在此之前,主导辛辣味道的调料是

胡椒。实际上，在世界范围内定义印度咖喱味道的是英国人。

因为英国同印度之间的固有联系，英国咖喱也与印度咖喱最为接近，几乎是将印度咖喱直接搬到了英国。可以说，除了印度，英国咖喱就是最正宗的咖喱。但是问题来了，正如前文所说，印度咖喱其实也没有固定模板，那又何来正宗呢？从某种意义上说，所谓的"标准咖喱"还是英国人在印度期间定义的——一系列由印度炖肉和蔬菜浓汤组合而成的菜肴。

说到英式咖喱，不得不提一项特殊的发明——咖喱粉。有了咖喱粉，制作咖喱时就不用研磨新鲜的香料，因为各种调料都预先配置好了。但是这样做也带来其他的麻烦：没有经过油煎的香料粉直接放入汤汁中，会产生不愉悦的味道。为了让汤汁浓稠，英国厨师又在咖喱粉中加入油面糊，而不是印度本土使用的碎杏仁、椰子油和洋葱糊。这就让英国咖喱变成了另外一种东西。为了弥补口味上的缺憾和原料的不足，英国咖喱中加入了葡萄、苹果，以及出锅时必放的柠檬汁。这使得英式咖喱与印度咖喱之间有所区别。

另外有必要说明，英国的咖喱烤鸡并非正宗的咖喱，而是厨师为了解决"烤鸡太干"的抱怨而发明的菜。这位厨师将一罐坎贝尔番茄汤、一些奶油和几种香料混合后淋在鸡肉上，就做成了这道菜。今天，这道菜竟然成了英国的"新国菜"！

无论如何，辣椒、胡椒、洋葱、大蒜、生姜、小茴香、肉豆蔻、桂皮、丁香、小豆蔻，几乎是所有咖喱的模板，世界各

香料可以帮我们驱虫。在自然界中，人类面临的最大的威胁并非豺狼虎豹这些大型猛兽，而是细菌、病毒、寄生虫这些看不见的微生物。

地的咖喱都是在此基础上升级和变形而来的。

这些香料的存在是有道理的，因为它们可以帮我们驱虫。在自然界中，人类面临的最大威胁并非豺狼虎豹这些大型猛兽，而是细菌、病毒和寄生虫这些看不见的"盗贼"。想对付它们，栅栏、高墙都没用，只能通过"化学战争"——靠吃香料来对抗入侵者。

对付疟原虫这样的寄生虫，最直接的解决办法是用自由基攻击。没错，就是那个经常"背黑锅"的自由基，据说细胞衰老和损伤都是它们的"错"。然而，自由基有重要的作用——杀灭寄生虫。想要提高自由基的活跃度，还得找植物帮忙。桂皮、丁香、肉豆蔻、大蒜、洋葱和罗勒都是能派上用场的好调料，它们不仅味道浓烈，威力也不小。这也就解释了为什么东南亚人钟爱丁香、肉豆蔻，意大利人痴迷罗勒，因为这些地方都是疟疾肆虐的区域，吃香料其实是为了抗疟原虫。

欧洲人为何能发现新大陆？

欧洲人其实并不在意香料的实际用途，他们看重的是"炫富"。除了地中海沿岸，欧洲大部分区域并没有患疟疾的烦恼。但是从古罗马时期开始，欧洲人开始接触东方的香料，这个传统就一直保留了下来。到了15世纪，以胡椒为首的香料成了欧洲贵族炫富的主力物品。那时候，胡椒瓶是由家庭女主人精心保管的，谁家做的菜里香料放得多，谁就更有实力和地位。

然而，随着奥斯曼土耳其帝国的崛起，东西方的香料贸易路线受到了巨大的影响。这个时候，有一个人站了出来，声称能开辟通往印度的全新海上航线。那个时候，人们刚刚知道地球是圆的，这个人的名字叫哥伦布。尽管没人信他，但他坚持不懈地游说，最终西班牙国王决定为他买单。

于是，哥伦布带着几艘船出发寻找印度，他声称找到了印度，还带回了很多超辣的胡椒，这个事件被称为"地理大发现"。如今，我们知道，哥伦布带回的"胡椒"其实是辣椒，而他发现的印度其实是加勒比海上的西印度群岛。世界版图重新划分竟然与香料密不可分。

其实，中国人也有一种独特的香料，那就是花椒。在传统上，花椒的象征意义远大于其实际用途。除了偶尔会被作为药物使用外，花椒就是一个尽人皆知的吉祥物。比如，花椒繁密的果实被同"多子多福"联系在了一起。其中最出名的故事就是赵飞燕。传说，赵飞燕成为汉成帝的皇后之后一直没有子嗣，用尽各种办法求子，包括在赵飞燕居住的宫殿墙壁上涂抹掺有花椒的灰泥，但最终未能如愿。

至于说花椒进入中国人的口腹，还是从药用和椒酒开始。虽说花椒酿制的椒酒在两汉时期就有了饮用记载，但令人遗憾的是，这种风味一直都没能推广开来。花椒真正进入餐桌已经是唐宋之后的事情了，其中一个很重要的原因是，花椒被赋予了新的象征意义。李时珍在《本草纲目》中记载，"椒，纯阳之物，乃手足太阴，右肾命门气分之药，其味辛而麻，其气温以热，禀南方之阳，受西方之阴"。这才是众人开始吃花椒的原因。

今天我们知道，花椒里的 α–山椒素有很强的抗蛔虫能力，而蛔虫又是在化肥推广之前，农耕民族的一大困扰。这大概是中国人吃花椒的主要原因。

与欧洲人渴望的香料不同，中国人的花椒可以自给自足，房前屋后种上两棵花椒树，就能满足一家老小对花椒的需求。这种典型的小农经济模式极大地延缓了中国商人向外探索的速度。

但是，欧洲人就不一样了，欧洲冷凉的气候不适宜种植胡椒、丁香和肉豆蔻等热带香料，要想获得足够的香料就要去"买买买"。在香料的驱使下，欧洲人成功到达了美洲。请注意，欧洲人不仅仅从美洲带回了辣椒、菠萝、番木瓜，也为美洲带去了特别的植物，苹果就是其中之一。谁也没想到，一直作为果酱和馅饼原料的苹果，在旅居美洲之后竟然一飞冲天，成为影响全世界的水果。

苹果如何传遍世界？

苹果是善变的植物种类，全世界的苹果品种超过 1000 个。如果任由这个水果种族自生自灭地发展，你永远都找不到两棵相同的苹果树。这是因为苹果执行着严格的繁育法规——自交不亲和，也就是说，每个苹果种子都是两棵不同苹果树的"爱情结晶"。虽然 朵苹果花上同时存在精子和卵子，但是纷繁的交流和组合注定了野生苹果林是一个结着不同大小和口味的苹果的混乱集合体，这就好像在人类世界很难找到两个完全一样的个体（双胞胎除外，当然，植物中也罕有双胞胎出现）。因此，我们有了各种不同口味的苹果，从脆甜的富士苹果到绵

软的花牛苹果。

当然，苹果一开始并不是主要的水果。在欧洲，它们被做成了馅饼和果酱；而在美洲，酒瓶才是大多数苹果的最终归宿。最初来到新大陆的殖民者总是要解决吃喝拉撒的问题，主食可以吃玉米，但是他们却喝不惯那些龙舌兰酒。欧洲葡萄在美洲的种植也屡屡受阻，因为美洲的根瘤蚜是欧洲葡萄的天然克星。

喜欢喝酒的新美国人，只能求苹果树帮忙了。虽然这个时候的苹果不够脆，也不够多汁，但是没关系，反正是要进入发酵大桶的。于是，在新大陆，苹果承担了一个重要的任务——酿酒。

用苹果酿的酒像葡萄酒一样绵软，并没有烈酒的劲道。由于缺乏足够的蒸馏设备，殖民者只能依靠寒冷的冬天来制造烈酒。没错，他们把苹果酒放在 -30℃ 的冰天雪地之中，等待酒桶里的水冻结成冰，然后把这些冰坨捞出来，剩下的就是苹果烈酒。

人类确实能抵抗水果的诱惑，说不吃就不吃，但是禁酒令改变了新大陆酒类市场的命运，也改变了苹果的命运。20 世纪 30 年代，美国严禁酒精饮料出现在市场上，这可急坏了一些好酒之人。地下黑市的嗜酒之人总会找一些政策的漏洞，比如，葡萄干砖包装上的警示语：千万不要把葡萄干酵母放在注水的水缸里混匀，以免产生酒精饮料。但是这不过是小打小闹，并不能解决苹果的出路问题。

苹果生产商们迫不得已，从酿酒原料商变身水果供应商。但是，想让市场接受一种全新的水果谈何容易。于是，水果产业中最经典的广告横空出世——"An apple a day keeps the doctor away"（一天一苹果，医生远离我）。不用怀疑，这个被奉为营养金句的谚语，其实是卖苹果的广告语。后来，在粮食极大丰富之后，淀粉类食物成为酒精的主要原料。而拥有庞大基因库的苹果则成为鲜食水果的巨量供应商。

虽说"酒香不怕巷子深"，但是这酒至少是香的；如果苹果不好吃，是怎么都上不了台面的。还好，在这之前就有人为美国人准备了足够的苹果基因库。今天能吃到如此美味的苹果，还要感谢100年前辛勤收集苹果种子的那位美国大叔——苹果佬约翰尼（约翰·查普曼）。19世纪初，他在俄亥俄州中部的丘陵地带开辟了几块土地，从此开始了他的苹果种子收集工程。他从果汁工厂的废渣中刨出种子，然后送到自家的果园里面进行培育。据说，他刨出的苹果种子装满了几艘货船。到了19世纪30年代，约翰尼的果园里已经种满了苹果树，这些苹果个体就成了美国苹果界的"老祖宗"。

中国人吃上苹果其实是很晚的事。在中国古代，我们的祖先只能吃到一种叫"柰"的绵苹果，从名字就可以看出来，这种水果的口味并不好。真正的现代苹果是在20世纪初才传入中国的。

　　苹果的流行彻底改变了中国传统的水果市场，以至于我们总是误以为苹果是中国原生的水果。在国外，圣诞节礼物都是向圣诞老人求来的；而在中国，怎么能不借此机会讨个好口彩呢？于是苹果以"平安果"的身份顺利上位，成为圣诞节的代表性水果。

　　当然，改变世界的水果远不止苹果，一种水果改变一个国家的命运的故事还发生在各种猕猴桃身上。

"An apple a day keeps the doctor away"，这个被奉为营养金句的谚语其实是卖苹果的广告语。

猕猴桃如何让水果实现生产工业化？

　　第一次吃软枣猕猴桃是在果壳办公室，同事带来了一大包绿油油的小果子。单论模样，就像没有完全成熟的枣子，或者通体碧绿的小番茄，总之无法把它跟猕猴桃联系起来。因为软枣猕猴桃外皮光滑，没有常见猕猴桃那样的茸毛和斑点，反倒更像枣子。只有一口咬开，那种独特的猕猴桃风味才能证明它们的身份。

　　毫无疑问，大家多少都厌倦了传统的水果，即便苹果再鲜甜、西瓜再多汁，最多也就是个基本款，当作水果的基础选择，完全不能勾起人的欲望。于是，市场上出现了一些引人注目的特别水果，榴梿、醋栗、覆盆子莫不如此。完全不同于传统水果的外形和口感使得这些新兴水果异军突起。其中一种水果的名字引起了我的注意——奇异莓。不管是外形还是口感，奇异莓与软枣猕猴桃都别无二致。

　　这奇异莓跟软枣猕猴桃究竟有什么关系，它们是不是新西兰培育的新品种呢？

　　其实，奇异莓就是软枣猕猴桃，"奇异莓"不过是个特别

的商品名而已。这种水果也不是新西兰人从传统的猕猴桃中选育出来的，它们就是土生土长的猕猴桃科猕猴桃属的软枣猕猴桃。软枣猕猴桃分布广泛，从中国北方的黑龙江到南方的广西，都有这种猕猴桃的身影。在朝鲜、日本和俄罗斯的西伯利亚区域，也有软枣猕猴桃的踪迹。

软枣猕猴桃虽然个头儿比较小，但是味道一点儿也不差，皮薄汁多，果肉细腻，甜度也不错。只不过软枣猕猴桃一直没能成为商品化的水果，因为有两大难题摆在我们面前：一是难以通过杂交提升这种水果品质；二是这种水果皮薄果软，难以长途运输。

好爸爸？坏爸爸！

同其他猕猴桃一样，软枣猕猴桃的植株也有两种性别：雄性植株和功能性雌性植株。其中，雄性植株只产生花粉，相当于"爸爸"；而功能性雌性植株的花朵上虽然也有雄蕊，但是这些雄蕊都是"样子货"，并不会产生可育的花粉，相当于"妈妈"。乍一看，似乎没什么障碍，但问题并不简单，要想给软枣猕猴桃找个"好爸爸"其实非常困难。

对于普通果树来说，杂交似乎并不难。比如，让甜的苹果当"妈妈"、大个头儿的苹果当"爸爸"，两者杂交，前者提供胚珠，后者提供花粉，两者结合形成的种子里很可能出现又大又甜的后代。因为不管是"苹果妈妈"，还是"苹果爸爸"，它们的优良特征都会在自己的后代上显现出来。

然而，猕猴桃并不是这样。雄性的猕猴桃植株不会结果子，所以我们无法判断这个"爸爸"能不能为后代贡献优良的基因。就好像我们无法判断一只大公鸡能不能让后代生出更大的鸡蛋。尽管这些基因就写在"爸爸们"的基因里，但是我们无法从表象上得知。

因此，用杂交手段选育猕猴桃就像买彩票，我们永远无法准确预测在什么时间以及什么情况下能"中奖"，一切都要靠运气。

猕猴桃是怎么变成奇异果的？

不能通过杂交快速培育出更好的品种还不是软枣猕猴桃的最大短板，皮薄、不耐储运、成熟迅速、货架期短才是它的致命弱点。软枣猕猴桃只能眼睁睁看着中华猕猴桃和美味猕猴桃

两个"老大哥"攻城略地，成为新兴的水果之王。

其实早在19世纪，这些小个头儿的猕猴桃就因为酸甜适口且均一性很高（不像美味猕猴桃那样需要精挑细选）引起了水果商的注意。但是由于上述两个缺陷，直到今天，软枣猕猴桃仍处于半野生状态。

全世界的猕猴桃属植物大约有54种，中国至少有52种。令人惊叹的是，一些源自中国的猕猴桃在传到海外不到百年的时间里，就变成了水果界的宠儿，并且推动了一个国家的国际贸易，这个故事的主角就是美味猕猴桃。

猕猴桃在中国的食用历史非常悠久，它们是《山海经·中山经》中的阳桃和鬼桃，是《诗经》中的苌楚，直到李时珍的《本草纲目》中才解释了猕猴桃名字的由来，"其形如梨，其色如桃，而猕猴喜食，故有诸名"。

清代植物学家吴其濬的《植物名实图考》中曾记载：江西、湖南、湖北和河南等地的农夫会采摘山中的猕猴桃，拿到城镇售卖。但是猕猴桃在古代中国一直都没有发展成一种重要的水果。甚至到1978年的时候，中国猕猴桃的栽培总面积都还不足10000平方米。而在同一时间，猕猴桃已经成为新西兰的重要出口商品了。

1904年，一位新西兰女教师来到湖北省的一所教堂，探望在那里传教的妹妹。谁也没有料到，猕猴桃的命运竟然同这个名为伊莎贝尔的女教师牢牢地绑定在了一起。就在那一年，

　　一些源自中国的猕猴桃在传到海外不到百年的时间里，就变成了水果界的宠儿，并且推动了一个国家的国际贸易。

伊莎贝尔带着一小包美味猕猴桃的种子回到新西兰。这包种子成为整个新西兰猕猴桃产业的基石。

实际上，在伊莎贝尔之前，有很多植物猎人已经将猕猴桃的种子送往欧洲和美洲。1900年，植物猎人威尔逊寄回英国的猕猴桃种子顺利生根发芽；1913年，美国各地栽种的猕猴桃已经超过1300株。但奇怪的是，这些猕猴桃都没能结出果实。说起原因真是颇具戏剧性——英国和美国培育的首批美味猕猴桃植株都是雄性的！

我们平常看到的果树（比如苹果和桃子），都会开出既有雄蕊也有雌蕊的两性花朵。只要顺利完成授粉就能结出果实。即便像苹果这样自交不亲和植物（自己的花粉无法给自己的胚珠受精，也无法促使果实发育），也可以通过培育多株果树并进行异花授粉获得果实。

但是猕猴桃不一样，它们是功能性的雌雄异株植物：雄性植株只有雄蕊，也就只能产生花粉；而功能性雌性植株，虽然既有雌蕊又有雄蕊，但是这些雄蕊都只是摆设而已，根本不能产生合格的花粉，这些外表上的两性花其实都是雌花。所以，无论哪种猕猴桃，都必须由雄性植株和雌性植株相互配合，才能真正实现开花结果。

与威尔逊相比，伊莎贝尔无疑是幸运的，因为她带回新西兰的猕猴桃种子繁育出了三株植株，其中一株是雄性植株，另外两株是功能性雌性植株，这三株猕猴桃的后代至今仍然统治着猕猴桃产业。

当然，一种水果能否在市场上取得成功，首先要解决两大问题：一是种得出，二是运得走。这两点看似很容易，但是实际操作起来却困难重重，新西兰的美味猕猴桃当然也跳不出这个规则框。

新西兰的猕猴桃种植者花了很长时间才搞明白，猕猴桃雌性花朵上的雄蕊都是装模作样的"残次品"，并不会产生花粉。要想得到果实，就必须用雄性植株的花粉为这些雌花授粉。这一步，既可以用人工的方法实现，也可以由蜜蜂代劳。更重要的是，授粉质量会直接影响猕猴桃的个头儿和品质，由此催生了为果园提供授粉服务的新兴产业。

解决了结果的问题后，美味猕猴桃在新西兰迅速推广，越来越多的果园开始种植猕猴桃。1924 年，新西兰的种植者在实生苗中发现了猕猴桃的传奇品种——海沃德（Haywad）。谁都没想到，这个品种竟然统治世界猕猴桃市场长达 60 多年。海沃德猕猴桃个头儿大、果形漂亮、酸甜适度，而且储藏性能优良（室温条件下可以存放 30 天），简直就是为市场而生的水果。

但是新的问题随之而来，要想进入国际市场，猕猴桃果实就必须经得起运输的折腾。即便是最温柔的空运，也不能避免意外磕碰，更不用说过度成熟、腐烂变质这些让水果商们头疼的问题了。好在美味猕猴桃采摘后可以慢慢成熟，通过调节

储藏温度还能在一定时间内"暂停成熟"，大大延长了猕猴桃的保鲜时间。以海沃德品种为例，2℃左右是其最佳储藏温度，在此温度下可以储藏6~8个月。

在20世纪60年代之前，美味猕猴桃常被西方人称为"宜昌醋栗"（Yichang gooseberry）或者"中国醋栗"（Chinese gooseberry），一听就是酸溜溜的果子。后来，有人提议用新西兰国鸟"几维鸟"（kiwi）为猕猴桃命名，"奇异果"（kiwi fruit）由此诞生。如今，猕猴桃以"奇异果"的名字重返它的老家——中国市场，软枣猕猴桃也因此有了"奇异莓"（kiwi berry）这个洋气的名字。

促成黑奴贸易的元凶竟然是它！

在猕猴桃顺利打开美国市场之前，这片大陆就已经受过植物的洗礼了。从本质上看，塑造今天北美洲社会形态的幕后主使仍然是植物。

从16世纪欧洲殖民者踏上美洲大陆并将旧世界的作物和家畜带到那里开始，美洲的生态环境就彻底改变了。虽然在欧洲人到来之前，美洲人就在努力地驯化驮畜，但遗憾的是美洲没有适合驯化的大型动物，北美野牛过于凶猛，而羊驼的身板又过于单薄。正因如此，在马匹引入美洲之前，美洲的所有建筑都是基于人力建造的，因此很难发展有效的车辆及附属的其他运输系统。而马匹的引入，直接改变了运输方式和战争形态。随着马、牛等牲畜大量涌入，美洲的生态环境发生了显著变化，大片树林变成了草原。殖民者还在美洲建立了新的社会体系，这也使得北美洲和南美洲分别形成了两套完全不同的社会体制。

北美洲早期的选举制度基于最初的拓荒财产选举权原则制定，简单来说，就是选举权和被选举权是与财产绑定在一起的。1669 年起草的《卡罗来纳基本宪法》中就明确指出，"在其选区，自由不动产少于 500 英亩土地的任何人不得被选为议员；在其选区，自由不动产少于 50 英亩土地的任何人也不具备选举上述议员的投票权"。

在北美殖民地发展的初始年代，这种做法确实可以优选出那些能力强、经营管理好的候选人代表。在北美资本主义社会发展的初期阶段，这样的选举制度对社会发展也确实起到了很好的推动作用。但是，北美殖民地对财产和权力对等的过度强调，随着时间的推移，逐渐暴露出弊端。数百年后，这一原则成了阻碍社会进一步发展的桎梏。过于强调资本的重要性，在很大程度上破坏了资源分配的公平性，同时也对社会的安定程度产生了负面影响。当然，这都是后话了。

　　至于南美洲，一直以来分配的都不是土地，而是奴隶。作为生产资料的土地始终被极少数人把持着，这种情况一直影响着社会模式。在此基础上，催生出黑奴贸易就是必然的结果。很多人可能会问：为什么要千里迢迢从非洲把黑人运送到美洲，而不是直接奴役美洲当地的印第安人？

　　从表面上看，一方面是因为当地的印第安人群体数量并不多，还被欧洲人带来的传染病（天花和疟疾）感染，导致大量死亡；另一方面，非洲人不仅对疟疾和天花有一定的抵抗力，还能胜任长时间的劳作，而且非洲众多部落处于原始状态，奴隶贩子很容易将当地人绑架掳走。

　　其实，北美出现奴隶贸易，以及非洲人口向美洲转移，并不是偶然的现象。印第安人没有成为奴隶有其历史必然性，这跟不同人群的特点有关。美洲种植园主要种植烟叶和甘蔗，这两种作物都需要大量劳动力，而印第安人并没有那么多。反观亚洲的香料群岛，因为要控制产量，而且需要的人手不算密集，所以不需要奴隶。

　　起初，欧洲殖民者确实亲自参与劳动，每天辛辛苦苦地干活，后来他们发现这样干实在太苦了，便想雇用当地人。然而，他们跟印第安人矛盾重重，双方冲突不断，整日打打杀杀。

　　更重要的是，美洲原住民都被欧洲人带来的"大礼包"（疟疾和天花等传染病）给祸害光了。在欧洲人到来之前，美洲几乎没有大规模传染病，是堪称天堂的地方。但是，欧洲人带来了天花和疟疾这两大"进攻武器"，美洲人根本无法抵御这些疾病，一旦感染，几乎必死无疑。

美洲人并没有坐以待毙，他们回敬了欧洲人一个大招——梅毒。这种诡异的疾病一直折腾了欧洲几百年，法国人叫它意大利病，波兰人叫它法国病，俄罗斯人叫它波兰病，总之是把欧洲祸害了一圈。还好欧洲人口基数大，总算没出什么大事，只不过很多大人物的鼻子都掉了。

传染病几乎灭绝了美洲的当地人，可种植园不能没有人干活。这就需要输送人口，正好非洲有很多人，抓来充当劳动力似乎"顺理成章"。非洲人虽然也怕疟疾，但他们的抵抗力比美洲人强多了。更重要的是，去非洲抢人能完善贸易链条。

这是一场血腥的贸易行动。奴隶贩子带着廉价工业品从欧洲启航，抵达非洲后用商品换取黑奴，然后把黑奴运到美洲种植园，用所得资本换取糖、烟草、黄金和白银等货物，最后再把这些货物运回欧洲，如此往复，便形成了一个完整的"死亡三角"贸易模式，奴隶贩子从中赚取了巨额的利润。

贸易需要大网络才能赚取更多利润，这里暂时不深入讨论复杂的经济学原理。不过，有一点可以参考，玩过《大航海时代》这款游戏的朋友应该都记得，在限定区域内贸易线路越多，商品购买和售卖的差价越大，利润就越丰厚，当然就能赚更多的钱。

如果把工业品从英国直接运到美洲，就无法赚取贩卖黑人奴隶可以获得的巨大差价。而追逐高利润的原始动机，会促使商人找到利润率更高的模式，甚至在非洲有意挑起部落之间的战争，以获取更多黑人奴隶。

印第安人没成为奴隶绝不仅仅是身体素质和文化的原因，这其实是地理大发现这个大背景下的必然结果。而黑奴贸易则带来了世界人口的巨大流动，这种流动与特殊植物及其衍生产品密切相连。

朗姆酒如何成为大航海时代的"万能药"？

朗姆酒是特别有热带气息的标志性饮料，其起源与美洲的发展历程密切相关。与我们熟悉的白酒、啤酒和葡萄酒不同，朗姆酒的原料既不是粮食作物，也不是水果，而是甘蔗，准确地说是糖蜜。

朗姆酒经常与加勒比海盗的形象捆绑在一起，这并非毫无缘由，捆绑两者的就是甘蔗这种植物。先期来到加勒比海区域的欧洲殖民者尝试种植了很多不同的作物，包括他们在欧洲习惯种植的小麦、大麦、苹果等，然而这些作物在新环境下根本无法存活。后来，他们才发现这里是绝佳的甘蔗种植地，而且甘蔗做成的糖运回欧洲可以卖出很好的价钱。很快，这个赚钱的生意就稳定了下来。起初，殖民者都是亲力亲为，但随着非洲黑奴被贩卖至此，一种新的生产方式出现了，白人殖民者变成了农场主，黑人则成了奴隶。

制糖是一项极为辛苦的工作，从甘蔗的收割、压榨、熬煮，到最后的结晶，整个过程都要忍受恶劣的生产环境。而且，并不是所有的甘蔗汁都能变成糖，最终会剩下一种叫糖蜜的物质。糖蜜不能浪费，很快就有人将这些"废料"发酵成了酒精，再经过蒸馏就是朗姆酒了。朗姆酒不但量足、价钱便宜，而且还有一种独特的奶油香气。

朗姆酒对海员而言极为实用，它不仅是饮品，还是消毒用品。甚至有特殊用途，英国海军纳尔逊将军的遗体就是泡在朗姆酒里运回英国的。

对于往返于欧美的海员来说，朗姆酒是再熟悉不过的酒了。在当时，航行于加勒比海的航船上都少不了朗姆酒，在这个区域活动的海盗更是如此。

时至今日，水果、香料和酒精饮料依然是重要的商品。与过去不同的是，如今我们获取这些商品的渠道越来越多，收到货物的速度也越来越快。在全球贸易日益发达的今天，我们已

经越来越难界定生活的边界。反倒是在我们习以为常的咖喱或者朗姆酒身上，还留存着那段惊心动魄的故事，那些见证世界变迁的特殊味道至今还在厨房中飘荡。

史军老师说

那些原产于中国的果树：

桃：它的老家在中国西部山区谷地，包括西藏东部、四川西部、云南的西北部。在漫长的传播之旅中，形成了硬肉桃、蜜桃、水蜜桃诸多特色品种。在距今 9000 年到 8000 年前的湖南临澧胡家屋场和距今 7000 年前的河姆渡等新石器时代的遗址中，都出土过桃核。

柑橘类，考古证据显示，早在公元前 2500 年，我国就开始种植橙子。不过，橙子被西方人认识是很久之后的事情了。大概在 15 世纪，橙子才被葡萄牙人带回欧洲，在地中海沿岸种植。

枣：原产于黄河流域，新石器时代遗址中发现过碳化枣核。

荔枝：2000 多年前，我们的祖先就开始栽培荔枝了。在汉朝的时候，汉武帝还在长安的上林苑中修建了一个大温室——"扶荔宫"，试图把这种水果引种到帝国首都。

除此之外，杏、枇杷、柿子也都原产于中国。

第三章

能源植物让世界
快速动起来

从化石燃料促成工业革命，到高粱乙醇推动新经济发展，毫无疑问，植物存储的能量极大地推动了人类社会的发展，并将地球上的人类紧密地联结在一起。

　　西双版纳是中国唯一拥有热带雨林的区域。这里特有的植物和生态环境，对植物学者来说，有着不可抗拒的吸引力。这里不仅有野生亚洲象，更有热带雨林的标志性树种——望天树。典型的热带雨林生态系统，让西双版纳成为众多中国高校生物学专业进行野外实习的必选地点。

　　2002 年，当时还在云南大学学习生物学的我，也来到西双版纳进行自己的野外实习。那个时候，从昆明到西双版纳需要两天时间，虽然两地直线距离不超过 600 千米，但当时盘山公路足以消耗我们大量的旅行时间。旅程的第一天晚上必须在一个叫墨江的地方住宿，因为山路过于危险，夜间禁止任何载客车辆上路行驶。

　　来到西双版纳，你就会发现一路颠簸都是值得的，这里的原始森林遮天蔽日，让我这个来自黄土高原的学生大开眼界。傣家竹楼组成的村落散布在坝子之后，潺潺溪流从满是青翠的山谷间流出，昆虫和鸟类数不胜数，路上还时不时会遇到横穿公路的象群。在这里，世外桃源和亲近自然不再是一句空洞的宣传语。

　　2020 年，从昆明到西双版纳，只需要 4 个小时的车程。2021 年高铁开通之后，昆明到西双版纳的时间更是缩短到 2 个小时。

　　今天的西双版纳，山坡依旧青翠，云雾依然缭绕，但是动物的踪迹却少了很多，很多雨林都变成了橡胶林。雨林和雨林中的生活都在以前所未有的速度改变着。

　　这一切的变化来得非常快，但是决定这种变化的原因，早在几个世纪之前就已经埋下了。植物不仅仅为人类提供了可以果腹的食物、用以保暖的衣物，更是将我们的生活节奏不断变快变快再变快。

　　植物正推动世界以前所未有的速度动起来。

在西双版纳，世外桃源和亲近自然不再是一句空洞的宣传语。

植物如何让地球变成"雪球"?

在我们探索植物如何让世界快速运转之前，先来回顾一下植物让地球封冻的历史。没错，植物对地球的影响并不仅仅是让物种变得更繁盛，植物也有可能按下地球生物圈的"暂停键"。

在距今 3.7 亿～3.5 亿年前的泥盆纪末期，那时出现了高达 30 米的陆生植物，强大的光合作用能力，急速消耗着大气中的二氧化碳，温室效应被削弱。

这听起来有些不可思议，地球之所以有适于生物生存的温度，还多亏了像二氧化碳这样的温室气体，它们就像一个玻璃房子把地球装了进去。这个"房子"可以储存足够的热量，让我们的星球维持在一个适宜的温度范围内。如果二氧化碳的浓度急剧降低，就像拆掉了温室顶棚上的玻璃板，让屋子外边的暴风雪闯进来。到那时，我们的地球就该改名叫"雪球"了。对现有的生物而言，这样变化绝对是一场灭顶之灾。

另外，因为陆生植物的活动，陆地上的岩石变得支离破碎，大量矿物质随着大河冲进海洋。海洋中的藻类植物得到了梦寐以求的矿物营养，于是大量繁殖，它们死亡后会沉入海底，相当于把更多的二氧化碳封存了起来。这样一来，就会把地球保温层彻底破坏。结果，习惯了温暖环境的生物纷纷灭绝。在这次大灭绝事件中，全球有 3/4 的物种都永远离开了这个世界。如果没有这样的转变，也许今天的地球海洋里还满是奇虾和三叶虫这些奇形怪状的生物，而人类祖先能不能生存下来也都是未知数。

植物的力量远不止于此，它们不仅能决定生物生命世界的走向，也能改变人类历史的进程。工业革命发生在英国并不是偶然，这也是植物"造物主"早在上亿年前就设定好的。

2 亿年前的植物如何预谋了工业大革命？

课本里着重书写了工业革命的技术进步，蒸汽机、纺纱机、电灯、电报等发明令人瞩目。然而，大家有意无意地忽略了一点：如果没有煤炭这种能源的支撑，一切发明都是零。要是英国的地面之下没有埋藏这些煤炭，那么人类的历史进程会如何演变，工业革命又会在哪里发生，甚至 1840 年会不会有东方的战舰侵入伦敦，这一切都未可知。

今天使用的煤炭主要形成于石炭纪，石炭纪正是因为产生的煤炭多而得名。

而这些煤炭是植物"造物主"早在 2 亿年前就准备好的。

今天使用的煤炭主要形成于石炭纪，石炭纪正是因为产生的煤炭多而得名。那个时候的地球是巨型昆虫的天下，一只蜻蜓就够做一道大荤菜了。这是因为大气中的氧气实在是太多了，那二氧化碳都去哪儿了呢？原来都被植物吸收到自己的身体里了。按照这个逻辑，地球上的二氧化碳会越来越少，氧气会越来越多，但是这样的情况并没有发生。这都得感谢那些小真菌、大蘑菇，正是它们孜孜不倦地啃木头，把二氧化碳释放到空气中，才维持了地球上碳的循环。

但是在石炭纪早期，出了一件大事，植物开始合成木质素，这种化学物质不仅能让植物的身板硬挺，还能防备真菌的侵袭。这就好比在三文鱼肉块里加了很多鱼刺，如果不清除干净，真菌根本没办法下嘴。奈何那时的真菌，就像今天欧美人面对带刺的草鱼、鲤鱼、胖头鱼一样，毫无办法，于是出现了亚洲鲤鱼在欧美大泛滥的情况。而石炭纪的真菌啃不动含有木质素的木头，就导致了大量的植物遗骸积累了下来。这些植物遗骸不断积累形成了煤炭，为人类文明发展提供了重要的燃料。

随着人类社会的飞速发展，我们需要的能源也越来越多。据中国国家统计局数据显示，"2018 年，中国原煤产量 36.8 亿吨（25.8 亿吨标准煤），同比增长 4.5%。原油产量 1.89 亿吨（2.7 亿吨标准煤），同比下降 1.3%。天然气产量 1602.7 亿立方米（2.13 亿吨标准煤），同比增长 8.3%"。将视野投向全球，

2019 年，全世界每天消耗的包括生物燃料在内的各类液体燃料需求总和达到 1 亿桶！但这显然不是人类需求能源的极限，因为我们还没有冲出太阳系，走向全宇宙。

人类对于能源的需求只会越来越大。在一次性能源总量有限的情况下，开发可再生能源就成了人类发展的必由之路。到目前为止，虽然人类在核能和光伏能源技术上都取得了巨大进展，但是，较低的能源转化效率和较高的初期投入，仍然是困扰这些新能源大规模发展的瓶颈。因此，人类仍需将目光投向有着"强大捕捉阳光能力"的植物身上。

在未来，人类使用的机器的能源"口味"也需要由植物来决定。就如同工业革命时期的蒸汽机需要煤炭，第二次工业革命后的内燃机需要石油一样。在未来，农田里产出的植物或许将成为推动世界快速运转的新动力。

如何让难以下咽的高粱变成美食？

同其他禾本科作物的籽粒一样，高粱的籽粒也是储存淀粉的"仓库"，每 100 克高粱米中就有 75 克淀粉、11 克蛋白质，而脂肪只有 3.3 克。但说实话，高粱籽粒的口感并不讨人喜欢。因为特殊的成分构成，让高粱没有办法变成像小麦粉那样细腻的烹饪材料，吃高粱面的时候，总觉得有些拉嗓子。不仅如此，高粱的籽粒里面还有单宁和花青素（高粱呈现出的红色正来自其中的花青素），这两种物质听起来好像是健康食品里的成分，但是其特有的涩味会让人们打消对高粱面的一切幻想。

高粱未能成为世界性粮食，原因不仅仅在于口感不佳，其营养方面也有缺陷。高粱中的蛋白质以醇溶性蛋白为主，而我们人类的消化系统很难对付此类蛋白质。并且，高粱中的赖氨酸和色氨酸含量较低，这些都限制了高粱在主食中的应用。

吃高粱面最大的感受，就是容易饿。我还记得有一次在山西平遥老家，早饭时吃了一海碗的高粱打卤面，结果不到 3 个小时，肚子就饿得咕咕叫了。这就是我对高粱最深刻的印象。

由于蒸汽压片技术的出现，高粱米被做成了像麦片一样的东西，大大改善了高粱的食用性能。不管怎样，高粱中的糖是不会浪费的。通过淀粉糖酶的作用，其中的淀粉被分解成麦芽糖，进而制成了我们爱吃的高粱饴。如果再进一步发酵加工，就可以变成让人酩酊大醉的高粱酒。

高粱会变成新能源吗？

从原理上来说，只要是富含糖（包括蔗糖、淀粉）的植物，都可以成为造酒的原料。甘蔗、香蕉、红薯、马铃薯皆可酿酒，小麦、水稻和玉米就更不用说了。那为什么众多名酒都选择了高粱作为基底原料呢？一是因为高粱在发酵时不会产生莫名其妙的气味（如果你闻过发酵的马铃薯就会对此有更深的体会）；二是在高粱制酒的过程中，会产生一些以壬醛为代表的醇醛酚类风味物质，这些物质都会增添高粱酒的风味。再加上产量大，又不与主食供给相矛盾，于是，高粱就成了酿造高档白酒的不二之选。

除了籽粒，高粱的茎秆也可以提供糖分。这些像甘蔗一样的茎秆，含糖量可以高达 18%。通过简单的压榨，就可以获得糖汁，浓缩之后就能得到甘蔗糖浆。当前，茎秆含糖量高的甜高粱正成为各国关注的焦点。因为甜高粱具有耐贫瘠、耐盐碱、耐干旱、产量大的特点，是生物能源开发的重要目标植物。一旦纤维素变乙醇的技术开发成熟，种植甜高粱的农田就会变成生物油田。

也许有一天，我们在加油站加甜高粱乙醇的时候，会对后代说："瞧，这世界变化可真快，昨天高粱还是我们的粮食，今天就变成了汽车的'粮食'了。"

当然，仅仅有能源还不足以让世界动起来，将化学能量有效地变成推动车辆运转的能量，还需要一种特殊植物的辅助，那就是橡胶树。

为什么说橡胶是现代工业的"隐形推手"？

橡胶树属于大戟科多年生乔木，是一种典型的热带雨林树种，因其每一小根叶柄上都有 3 个叶片，所以又被称为三叶橡胶树。其原生地仅限于南美洲巴西亚马孙河流域，南纬 0°～5° 的冲积平原和热带雨林中。

16 世纪，西班牙探险家第一次踏上南美大地时，橡胶就进入了他们的视野。在印第安人中，小孩儿和青年会玩一种胶球游戏，他们唱着歌互相抛掷一种小球，这种小球落地后能反弹得很高，捏在手里则会感到有黏性，并有一股烟熏味儿。印第安人会把一些白色浓稠的液体涂在衣服上，雨天穿这种衣服能防雨；涂抹在脚上，雨天脚也不会被弄湿。一番寻根究底之

后，西班牙探险家终于发现了这些"神奇"物品的来源——雨林中橡胶树的乳汁。

在随后的近400年时间里，全世界都在重复印第安人的做法：把橡胶涂在衣服上防雨，或者做成弹性小球供儿童娱乐。但是橡胶遇高温变黏、遇低温变硬的特性，极大地限制了它的使用范围。

直到1852年，美国化学家固特异（Goodyear）在做实验时，无意间发明了橡胶硫化法。偶然相遇的橡胶和硫黄，组成了不再黏黏糊糊的胶皮。硫化橡胶技术的发现纯属偶然，在此之前，固特异已经尝试了多种方法，但始终没能解决橡胶变黏的问题。就在他灰心失望的时候，随手打翻的橡胶溶液落在了地上，后来在他清理污渍时发现，洒在地上的橡胶有了特别的柔韧性，而且也不再黏黏糊糊了。固特异仔细地检查了当天橡胶接触过的东西，发现地板上撒的硫黄粉末是引发橡胶巨变的"点金石"。实际上，橡胶分子就像一条条线，彼此之间没有连接，所以没有足够的弹性。而硫分子的加入，把这些线结成了网，所以就有了全新的性能。从此，橡胶成了一种正式的工业原料。遗憾的是，固特异没有从他的发明中获得任何好处，他花了大量的时间和精力来推广硫化橡胶技术，可是到头来却没有收到一分钱的专利费用，因为其他人根本不需要他详细解释硫化橡胶的方法，就能开工生产。

不论怎样，固特异的发明将橡胶引入了日常生活。不久之

　　橡胶分子像一条条线，硫分子把这些线结成了网，让橡胶成了一种正式的工业原料。汽车工业的兴起，激起了对橡胶的巨大需求。

后，英国人邓禄普（Dunlop）发明了充气轮胎。1895年，第一辆装配充气轮胎的汽车驶出了工厂。之后，福特汽车的流水线生产开始了。汽车工业的兴起，更激起了对橡胶的巨大需求，胶价随之猛涨。1900年，橡胶的平均售价是每千克2.3美元，6年后就飙升到每千克5.55美元。

　　最初的橡胶都是从巴西的雨林中采集的，采集橡胶的工作并不容易。一开始，巴西的采胶人是独自在雨林中从黎明忙到中午的，他要将采来的胶汁加工成橡胶球，才能走出雨林。采胶人不仅要克服天气的困扰，还要面对凶猛的热带疾病——疟疾的威胁。据说，有很多贫困的采胶人因为买不起治疗疟疾的药而死在了采胶的路上。在巴西，每年野生橡胶树生产生胶的极限数量是4万吨，这远远不能满足全世界的需要。1876年，英国人威克姆历尽艰辛，从亚马孙河热带丛林中采集了7万粒橡胶种子，送到英国伦敦的邱园培育，仅有2700粒种子发芽，最终只得到了1900株幼苗。这些橡胶苗被运往新加坡、斯里兰卡、马来西亚、印度尼西亚等地种植并获得成功。1957年，西双版纳橄榄坝农场的建立，标志着我国大规模种植和生产橡胶的开始，如今我国年产橡胶已达65万吨。

　　三叶橡胶树种植5~7年后就可以采胶了。割胶是一项技术性很强的工作，需以半环绕的方式在树干上割出一条0.8厘米宽的螺旋形切口（保持树皮的上下连接）。如果切割得当，切口处会在几年内生长愈合。因此，割胶时胶刀割进橡胶树皮的深度必须把握得相当精准，割太深会伤到树干，割太浅胶乳要么不会流出来，要么流出来得很少。经验丰富的割胶工人往往能把握住相当于一根头发丝粗细的深度。

正是种植和收获技术的发展，极大地推动了橡胶相关工业的发展，也彻底改变了我们的世界。不妨设想一下，如果没有橡胶，不仅坦克、飞机和飞船上的各种管线无法密封，汽车也不会有轮胎，更不用说我们的鞋底了。

橡胶无可替代吗？

橡胶树已经成为重要的战略资源，人们一直在开发天然橡胶的替代产品。虽然通过化工合成的方法已经可以生产出类似的材料，但是人工合成的橡胶在性能上仍然无法完全代替它们的天然亲戚。另一个解决途径是寻找其他可以分泌胶乳的植物，最先进入人类视野的是可以提供美味果实的人心果。

人心果，果如其名。这种山榄科植物的果实形似心脏，成熟后会变得甜美多汁，已经成为重要的热带水果。在这种植物的原产地——中美洲的丛林中，玛雅人和阿兹特克人都有咀嚼人心果树胶的习惯。当时的人缺吃少喝，很有可能是在用这种

方式安抚空虚的胃。说不定最初发明口香糖就是这个目的，清洁牙齿反倒是其次了。连吃都没的吃，哪儿来的牙垢呢？这也正是玛雅人和阿兹特克人咀嚼人心果树胶的重要原因，看起来是多么无奈的选择。

欧洲殖民者来到人心果的老家之后，对这种嚼来嚼去安慰肚子的产品并不感兴趣，他们感兴趣的是人心果树胶能不能替代橡胶。随着第二次工业革命的兴起，人类对橡胶的需求量与日俱增，但是天然橡胶的供给又非常有限。寻找替代品就成了植物猎人的一项重要工作。19世纪60年代中期，曾任墨西哥总统的桑塔·安纳将军把人心果树胶带到了纽约，交给了托马斯·亚当斯。遗憾的是，用人心果树胶做的轮胎，其性能并不如真正的橡胶。不过，这种材料却在超市的零食货架上获得了新生。混合了蔗糖的人心果树胶被切成小条后，成了深受人们喜爱的口香糖。随着两次世界大战中美军的脚步，这种零食很快风靡全球，真可谓"有心栽花花不活，无心插柳柳成荫"。当然，能提供树胶的不只人心果，还包括山榄科铁线子属的几种植物，例如蔡克铁线子、斯塔米铁线子和重齿铁线子。这些植物都在提供树胶的名单里。

没过多长时间，口香糖里的人心果树胶就被人工合成的橡胶类物质取代了，比如丁苯橡胶、丁基橡胶、聚异丁烯橡胶等，这些橡胶不仅性能好，口感更好。另外，口香糖里还要添加用于改善吹泡泡性能的树脂，改善咀嚼质地的蜡质（比如棕混合了蔗糖的人心果树胶被切成小条后,成了深受人们喜爱的口香糖。

桐蜡、蜂蜡、石蜡），以及薄荷醇和各种甜味剂，这才是我们
熟悉的口香糖。

相较于人心果，菊科蒲公英属的植物橡胶草更适合替代橡
胶树。在这种小草的乳汁中，含有 20% 左右的橡胶。更难得
的是，这些小草比橡胶树耐寒，可以在北方寒冷地区种植。对
于那些没有热带国土的国家有着不小的吸引力。但是，这些小
草是一年生的草本植物，产量和橡胶含量都比橡胶树低，要想
进入实用领域，还有一段路要走。如今，我们几乎每天都在跟
橡胶打交道，从电线到汽车轮胎，从橡皮擦到神舟飞船，从脚
下的鞋底到身上的雨衣。离开橡胶，似乎整个世界都会停止运
转。橡胶已经成为工业和信息化社会的支柱，这是当年玩胶球
游戏的儿童无论如何也想象不到的。

橡胶有毒吗？

橡胶树为什么会流白色胶乳，难道是为了给人类提供工业
原料吗？答案其实很简单，橡胶树的胶乳是防御动物啃食的武
器。虽然橡胶树的胶乳没有强烈的毒性，但它绝非清甜解渴的
饮料。橡胶的胶乳中有 30%～40% 是固体成分聚异戊二烯，这

种物质是非常稳定的聚合物，既耐酸也耐碱，自然不怕动物的消化系统。那些误食胶乳的小虫子会因为肠道被堵起来，而活活饿死。人类的肠道比虫子大很多，只要不是喝下大桶胶乳，一般不会有问题。

虽然橡胶的胶乳没有毒性，但是橡胶树的种子却含有剧毒，千万不要因为好奇去啃咬橡胶种子。

史军老师说

你知道吗？我们平常爱吃的玉米和甘蔗都能发酵出乙醇。在巴西，植物发酵的乙醇已经替代了 40% 的汽油需求。而藻类单位面积的产油量更是大豆的数百倍，美国宇航局甚至在研究用它研发航空燃料。能源植物不像石油、煤炭会枯竭，而且燃烧时排放的二氧化碳会被植物重新吸收，减少污染，可谓优点多多。虽然能源植物很环保，但是大规模种植可能会占用农田，影响粮食生产。科学家正在研究如何利用荒地或者海洋培植能源植物，我们或许会在不久的将来看见更多"能源农场"，让植物成为真正的"绿色加油站"！

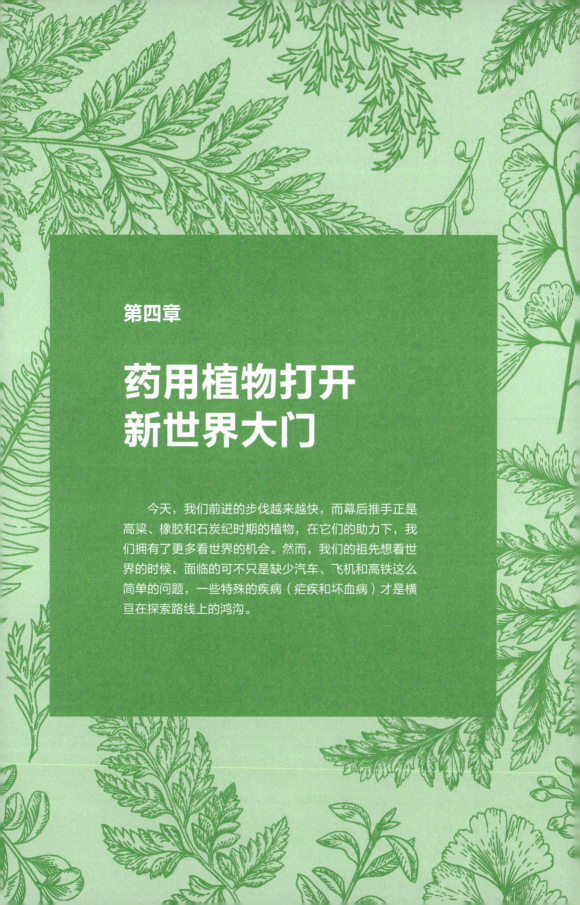

第四章

药用植物打开
新世界大门

今天，我们前进的步伐越来越快，而幕后推手正是
高粱、橡胶和石炭纪时期的植物，在它们的助力下，我
们拥有了更多看世界的机会。然而，我们的祖先想看世
界的时候，面临的可不只是缺少汽车、飞机和高铁这么
简单的问题，一些特殊的疾病（疟疾和坏血病）才是横
亘在探索路线上的鸿沟。

　　如果你身边有世界地图，可以去看一眼，就会发现一个非常有意思的现象：古中国、古埃及、古巴比伦和古印度，这四大文明古国的地理位置有一个共同特征，都在北纬30°线的附近。这是一个非常有意思的现象。与此同时，为什么在热带区域没有文明古国出现？这并不是一个简单的问题。

　　如果仅仅考虑文明起源的物质基础，热带区域的物产毫无疑问更为丰富。我们今天熟悉的多种粮食作物和水果都起源于热带，比如甘蔗、玉米、辣椒、马铃薯、菠萝、杧果、番木瓜等。

　　但是，为什么在物产丰富的热带区域没有产生强大的古代帝国呢？其实道理很简单，因为在这些区域有人类无法克服的困难，那就是传染病。

　　到底什么样的传染病阻止了人类的步伐？热带区域的传染病有很多，其中有一种非常凶猛，那就是曾经让人谈之色变的疟疾。在没有药物对抗疟疾的时候，这种疾病就是可怕的"杀手"。

　　为什么物产丰富的热带区域没有产生强大的古代帝国呢？因为在这些区域有人类无法克服的传染病。

疟疾是如何引起的？

疟疾其实是由疟原虫引起的，疟原虫实际上是一种动物寄生虫，它能寄生在人体内。疟原虫进入人体之后，会在肝细胞里面寄生，然后侵入红细胞，并大量地破坏红细胞。

当红细胞被大量破坏时，人体就会出现高热等症状。疟疾患者发病时，体温会超过 40℃，并伴随高热惊厥，浑身颤抖如同筛糠一般。正因如此，这种疾病也被俗称为"打摆子"。如果这些症状得不到及时的治疗，致死率是非常高的，这就是疟疾的可怕之处。

疟疾会在温暖、潮湿且蚊虫密集的地方大规模流行，因为蚊子是传播疟疾的重要媒介之一，叮咬过疟疾患者的蚊子会把疟原虫传播给健康的人。

这样一来，就可以很容易地理解，为何在人类文明发展早期，热带区域很难发展出大的文明社会了。但是热带区域的丰富资源对人类有着巨大的吸引力，有效对抗疟疾，以便更好地获取资源，在很大程度上要依赖于植物。

什么是蚕豆病?

　　大家身边都会有一些挑食的朋友吧。有不吃香菜的，有不喝牛奶的，还有不吃蚕豆的。这个时候，千万不要责怪他们，因为吃这些东西很可能是要命的。蚕豆，这种对普通人来说普通得不能再普通的食物，对蚕豆病患者来说就是毒药。如果蚕豆病患者不慎吃下蚕豆，就会出现酱油尿现象，这其实是红细胞破裂，发生溶血的结果。因为蚕豆病患者天生缺少一种叫6-磷酸葡萄糖脱氢酶的蛋白质，从而引发了这场危机。

　　在蚕豆的原产地地中海区域，这种疾病的发生率会更高。特别是在地中海的克里特岛，很多小朋友甚至会在蚕豆开花的季节里昏昏欲睡，并且持续排出酱油色的尿液。令人不解的是，当地人非但没有因为患病减少蚕豆的种植，还把蚕豆当作主要的食物。难道他们都不在乎这种疾病吗?

　　其实，蚕豆病是人类对抗疟疾的特有生理过程，是在漫长演化道路上留下的烙印。在蚕豆病高发的克里特岛，历史上疟疾横行。这种由疟原虫引发的疾病，会引起高烧，夺去了大批人的生命。在人类发现金鸡纳霜和奎宁之前，要想逃脱疟疾的魔掌，就得靠自己的身体。在强大的寄生虫面前，人类的身体并不是一味地硬扛，它也懂得"委曲求全"。疟原虫只会感染那些浑圆饱满的正常红细胞，而不会对干瘪的红细胞产生兴趣。于是，神奇的一幕出现了，疟疾高发区域同时也是镰刀型贫血症的高发区域。镰刀型贫血症的患者体内有半数红细胞长成了镰刀模样，这种改变虽然给患者带来了贫血症状，让他们难以进行高强度运动，但是却提高了抵御疟疾的能力。同理，蚕豆病患者也是通过牺牲一部分红细胞来杀死体内的疟原虫，进而达到"自损一百，杀敌一千"的目的，也算是演化历史上的一个奇迹。

实际上，人类跟疟疾的搏斗一直持续了很长的时间，从人类有文字记载起就从未间断，只是一直以来都缺乏有效的对抗手段。

奎宁是从哪里来的？

第一种被公认能有效对抗疟疾的物质是奎宁。奎宁是从哪里来的呢？

最初获取这类化学物质，是在一个没有疟疾流行的地方，

这听起来有点奇怪，但却是事实。

这要从哥伦布发现美洲大陆之后说起，他在当地发现了一种特别的植物——金鸡纳树，没想到这种植物竟然是对付疟疾的灵丹妙药。当地原本不知道这种植物可以治疗疟疾，因为在哥伦布到达美洲之前，当地并没有疟疾，是哥伦布以及后来的欧洲殖民者把疟疾带到了美洲大陆。

因为各种阴错阳差，人们发现金鸡纳树的树皮对疟疾有很好的治疗作用。后来，人们从金鸡纳树的树皮里提取出了一种名叫奎宁的化学物质，奎宁对疟原虫有非常好的杀灭和控制作用。这种灵药的出现，极大地扩展了人类在热带区域的活动范围，人类再也不怕疟疾了。

有意思的是，这种灵药的推广，也极大地影响了人类历史走向。为什么这样说？因为历史上记载，中国清朝的康熙皇帝也得过疟疾，是传教士给的奎宁救了康熙皇帝的命。如果当时传教士没有奎宁，或者人类还没有发现奎宁，也许中国清朝的某段历史就要被改写了。

但是，金鸡纳树并没有解决所有的问题，很多疟原虫逐渐产生了对抗奎宁的能力。

疟原虫出现抗药性是很容易理解的。举个简单的例子，当我们被细菌感染的时候，会用抗生素对抗细菌。如果没有按照医生嘱咐的时长和剂量服用药物，即便感觉病症消失了，也并不意味着已经痊愈。那些在抗生素杀灭过程中幸存下来的细菌，会获得强大的对抗抗生素的能力。更准确地说，是我们筛选出了那些能够对抗抗生素的细菌。当这些耐药细菌再次引发疾病时，我们只能加大抗生素的剂量来对付它们。这样一步一步筛选下来那就是超级细菌了，这就是大家不能滥用药物的原因。

人类用奎宁这个过程中也会把具有抗药性的疟原虫筛选出来，这个问题在 20 世纪 60 年代的越南战争中成为一个影响战争走向的大问题。那怎么样解决疟原虫的抗药性问题呢？

青蒿素是怎么被发现的？

面对疟原虫的抗药性问题，研究人员开始探索新的药物。起初，研究者选择胡椒作为原料，从中提取出的胡椒酮在动物实验中表现良好。就在人们以为疟疾的难题即将完美解决的时候，令人失望的结果出现：胡椒酮在临床实验中并没有达到预期的效果，它对人体内的疟原虫不起作用。

后来，科学家发现了青蒿素，然而这种物质的表现并不稳定，时而有效时而无用。1971 年下半年，事情出现了转机，屠呦呦领导的科研小组（包括钟裕蓉、郎林福等人）找到了关键

线索。在东晋葛洪《肘后备急方之治寒热诸疟方》中有这样的记述，"青蒿一握，以水二升渍，绞取汁，尽服之"。

这里有个小插曲，虽然这种药物被命名为青蒿素，但是真正的原料却是黄花蒿。这种异物同名的现象在古代东西方都是很常见的，直到卡尔·林奈建立起了生物命名规则——双名法，才在很大程度上避免了这种命名和分类混乱的局面。同时，林奈建立起了以花朵为分类特征的分类体系，使人类对植物世界的认识向前迈了一大步。而中国古代的植物认知体系中并无此类理论。

话说回来，得到了真正的青蒿之后，为什么不采用常规煎煮的方式获取药物，而是用浸泡榨取的方式获得药液呢？最大的可能性是高温会破坏青蒿中的有效成分。于是，研究人员将提取溶剂从常用的乙醇换成了沸点更低的乙醚。很快，实验便取得了突破性进展。1971年10月4日，研究组取得青蒿中性提取物，实现了对鼠疟、猴疟疟原虫100%的抑制率。这项发现也让屠呦呦成为中国首位获得诺贝尔生理学或医学奖的科学家。

毫无疑问，科学花朵的绽放是建立在理性思维营养的积累之上。而中国的研究显然已经踏上了这条前进的道路。

当然，人类在探索未知世界的路上，遇到的挑战远不止疟疾这一种疾病，而战胜疾病仍然需要植物来帮忙。

金鸡纳树的树皮里面含有一种化学物质叫奎宁，对于疟原虫有非常好的杀灭和控制作用。

坏血病如何掣肘欧洲人航海？

1493 年，克里斯托弗·哥伦布率领船队到达美洲，这是欧洲人历史上首次长时间不靠岸越洋航行。在接下来的日子里，欧洲探险家的航船驶向世界各地，在大洋上航行的时间越来越久。通常经过两个月的航行后，很多船员的身上会出现诸多奇怪的症状：软弱无力、关节疼痛，皮肤出现黑色或蓝色斑，瘀血很久才会被吸收，同时牙齿经常出血甚至脱落。因为这种疾病主要发生在水手身上，所以被称为"坏血病"或者"水手病"。

实际上，坏血病最早由希波克拉底（公元前 460 ~ 公元前 380 年）描述。这种疾病通常出现在长期食用盐渍食品和熏肉，缺乏新鲜蔬菜和水果的人群中，而进行远洋航行的水手显然就是这类人群。在冷藏设备大规模使用之前，长期海上航行中，只有腌肉和面包容易保存，吃到新鲜的蔬菜和水果简直就是奢望。

有趣的是，当欧洲航海家被坏血病困扰的时候，中国的远洋船队似乎并未受到这种疾病的影响。1419 年，明朝的永乐皇帝就指派了郑和指挥规模空前的船队远渡重洋，在七下西洋的郑和所指挥的船队中，为什么没有坏血病患者出现呢？

关于这个问题，不同学者有不同看法，综合起来主要有两个原因：一是中国船队不靠岸，航行时间短，补给相对容易，人体能够承受；二是中国人会种菜，也愿意在船上装蔬菜。中国船员是碰上了好运气，因为中国人的天赋技能是种菜，特别是种豆芽。

今天，我们都知道坏血病的原因是人体缺乏维生素 C。欧洲的传统食谱里面其实很少有蔬菜，欧洲人获取维生素 C 的主要方式是依靠水果和一部分肉类食物。实际上，牛羊肉这类哺乳动物的肉里是含有维生素 C 的。这些肉类中的维生素 C 含量并不低，世界上不能合成维生素 C 的哺乳动物没几种，人就是其中之一。主要还是因为人类祖先的食物中本身就有大量植物性食物，所以不需要自己合成也过得很好。

其实，吃三成熟的牛排是可以补充维生素 C 的。但是，在没有冷藏设备的航海船上，要保存新鲜肉类显然不现实，能多装点咸肉就不错了，食物主要还是面包。然而，面包里面并没有维生素 C。

既然鲜肉带不了，是不是可以带植物性食物？实际上，一片菜叶子里面的维生素 C 含量就挺丰富的，比如 100 克大白菜的维生素 C 含量可以达到 43 毫克。每天吃一两片，就不怕缺乏维生素 C 了。1536 年，发现圣劳伦斯河的法国探险家雅

当欧洲的航海家被坏血病困扰的时候，中国的远洋船队似乎并未受到这种疾病的影响。

克·卡蒂亚，在向印第安人询问后，饮用了柏树叶煮的茶，成功地救治了自己和部下。

但是有个问题，蔬菜装到船上难以保存，别说两三个月，在热带区域两三天就坏了。至于果子，同样保存不了太长时间。其实，欧洲人最初是带过柠檬汁的，为了方便长期存放，他们会先将柠檬汁煮开，而且用的是铜壶，结果铜壶中的铜离子把柠檬汁中的维生素 C 都破坏了。直到后来发现了既可以提供维生素 C，又可以长时间存放的来檬（注意，是来檬，而不是柠檬），这才解决了船员患坏血病的麻烦。

中国人就不一样了，中国人擅长种菜。无论到世界的哪个角落，只要有一片空地，中国人就能把它变成菜园子。实际上，中国古代的远洋航行并不多，郑和船队中的宝船上就有足够空间可以种植一些速生蔬菜。中国的商船上有用木桶种植的蔬菜，这是有确切记载的。

当然，更重要的是，即便没有土壤，也能得到像绿豆芽这样的食物。绿豆对于大多数中国人来说都是熟悉的食物，这种豆子携带方便，并且可以变身成绿豆芽。绿豆芽中含有丰富的维生素 C，每 100 克绿豆芽中大约有 10 毫克维生素 C，完全可以满足海员的需求。

之前有文章称，种豆芽获取维生素 C 的做法不可行，理由是成人每天需要 100 毫克维生素 C，而豆芽提供的量太少了。要想获得足够营养必须吃下几斤豆芽，这显然是乱玩数字游戏

的行为。这个说法有两个问题：一是推荐食用量不是最低食用量；二是即便缺乏维生素 C，也不会立刻患上坏血病。

人离开维生素 C 就会立刻患上坏血病吗？

推荐食用量一定是完全保证不出问题的食用量，那是不是少吃一点就会出问题呢？并不一定。中国营养学会建议的维生素 C 膳食参考摄入量（RNI），成年人为 100 毫克 / 日。RNI 是什么概念呢？就是"可以满足某一特定性别、年龄及生理状况群体中绝大多数（97% ~ 98%）个体的需要。长期摄入 RNI 水平，可以维持组织中有适当的储备"。实际上，即使低于这个量，还是有很多人可以接受，并不会出现缺乏症状。

再者，不同国家给出的标准并不一样，比如世界卫生组织给出的标准是 45 毫克 / 日，或者 300 毫克 / 周，这比中国的标准低了很多。没错，维生素 C 的数量按周来算也是可以的。

人体中有很多部位都蓄积了大量的维生素 C，用于执行特定的生理功能。比如，肾上腺的维生素 C 含量可以达到血浆含量的 100 倍；脑、脾、肺、睾丸、淋巴结、肝、甲状腺、小肠黏膜、白细胞、胰脏、肾脏、唾液腺等器官组织内的维生素 C

的含量，也是血浆中维生素 C 含量的 10 ~ 50 倍。这些储备可能会被机体用于应急。

关于人类能忍受多长时间不摄入维生素 C，其实也有过实验。在第二次世界大战期间，英国就曾做过此类实验，结果发现食用无维生素 C 饮食 6 ~ 8 周后，会出现坏血病症状。20 世纪 60 年代，美国艾奥瓦州监狱的志愿者，能够忍受至少 4 周无维生素 C 的饮食。

同时，研究人员还发现，只要有少量的维生素 C 供给，就能满足人体需求。在上述的两项实验中，每天摄入 10 毫克维生素 C 的被试者，与每天摄入 70 毫克维生素 C 的被试者在临床指征上并没有明显的区别，只不过血液中的维生素 C 浓度稍低而已。也就是说，在万不得已的情况下，每天补充 10 毫克的维生素 C 是可以接受的。这样看来，每人每天只要吃二两绿豆芽，基本就能满足需求。

所以说，种菜这个天赋技能确实帮了中国人的大忙。更何况，郑和的线路并没有远离陆地。海上航行的这段时间，自给自足一些豆芽菜，显然足以支撑郑和的船队在下次靠岸时补给新鲜食物。只是，从中国出发横跨太平洋距离太远，所以没有产生中国的地理大发现。

最后提醒大家一下，虽然膳食参考摄入量存在最低限度，但是不建议大家去挑战，还是按照中国营养学会的建议，摄入足够的水果和蔬菜比较好。

植物也爱维生素 C 吗？

回过头来说，我们为什么把维生素 C 看得这么重要呢？那是因为它对人体活动极为重要。

胶原蛋白是我们身体的重要组成物质，像血管、皮肤都是由这些蛋白质组成的。不过，组成这些蛋白质的氨基酸并不像植物纤维那样会自己抱团，它们更像是一块块水泥板，需要靠"铆钉"连接起来，而维生素 C 就充当了"铆钉"的角色。人之所以会患坏血病，是因为充当"铆钉"的维生素 C 太少了，进而引发胶原蛋白崩塌，破坏了血管的结构。除此之外，维生素 C 还具有一定的抗氧化功能。

但遗憾的是，同大多数动物不同，人类自身不具备合成维生素 C 的能力（同样悲剧的还有高级灵长类、天竺鼠、白喉红臀鹎与食果性蝙蝠）。我们必须依靠食物中的维生素 C，特别是植物中的维生素 C 来满足自身需求。为什么植物会富含维生素 C 呢？

传统的观点认为，维生素 C 可以帮助植物对抗干旱、强烈的紫外线等严酷的环境，被认为是植物体内的"救火队员"。

同大多数动物不同，人类没有合成维生素C的能力，必须依赖食物中的维生素C，特别是植物中的维生素C。

不过，2007 年英国埃克塞特大学的一项研究表明，维生素 C 对植物的发育具有重要的作用，这种物质会消灭光合作用的有害产物。那些在维生素 C 合成方面出问题的植物，竟然不能正常发育！至于维生素 C 在植物生长中的具体作用，还在逐步探索和解密中。

时至今日，维生素 C 和柠檬的形象已经深入人心，甚至在很多地方被简单归结为"酸味植物代表维生素 C"，更有甚者将其简化成"酸味的植物富含维生素"，但事实真的是这样吗？

酸味植物真的更有营养吗？

所谓的酸味其实是一种基本的味觉。这种感觉其实是由可以溶解在水中，并释放出氢离子的有机酸或者无机酸引起的。比如，我们熟悉的饺子醋中的醋酸、马桶清洁剂中的盐酸都是酸。简单来说，能让我们的舌头感觉出酸味的物质都是酸。

无论是动物还是植物，都要靠自己的身体直接吸收外界的物质。像水、矿物质（比如食盐中的钠离子和氯离子）、分子比较小的有机物（比如氨基酸）等，都是直接穿过细胞膜进入生命体的。只是后来，动物和植物在演化的过程中走上了不同的道路。动物有了尖牙利齿，而植物则选择了静静地吸收外界物质。

　　植物的"嘴巴"就在它们的根系之上，那些比发丝还要细的根毛就是用来吸收外界钾离子和铵根离子等营养物质的"嘴巴"。令人奇怪的是，这些营养物质是如何自己跑到完全不能自主运动的根毛上的呢？

　　当植物的根系进行呼吸时（没错，植物的根也需要吸进氧气并呼出二氧化碳），部分呼出的二氧化碳会依附在根系周围，与土壤中的水结合形成碳酸。碳酸是什么呢？它是二氧化碳和水结合在一起形成的一种很弱的酸，苏打水的细微味道就来自碳酸。

　　虽然碳酸的酸性很弱，但是它依然具备酸的属性，其中之一就是会溶解在水中，释放出氢离子和碳酸氢根离子。碳酸释放出的氢离子并不安分，它们经常会跑到土壤溶液中去。这个时候，同样带正电的钾离子和铵根离子就会跑到根系上来，抢占那些氢离子空出来的位子；而带负电的碳酸氢根离子会与硝酸根离子交换座位。接着，根系就会把贴上来的钾离子、铵根离子和硝酸根离子，通通吸收进植物体内。

昙花竟然会深呼吸?!

　　比起矿物质营养，二氧化碳才是植物光合作用的重要原料。只有在二氧化碳充足的情况下，植物才能将吸收的太阳光能量储存在葡萄糖中。有人可能会说，空气中不是有很多二氧化碳嘛，根本就不用发愁。

　　然而，事情并非如此简单，植物要通过气孔吸收二氧化碳，当气孔处于打开状态的时候，必定会有很多水分从植物的身体里跑出去。对于生活在潮湿地区的植物而言，这并不是问题，但对于像昙花这样原本生活在干旱区域的植物来说，就是个棘手的难题了。

　　为了应对这种特殊的保水问题，包括昙花在内的仙人掌科植物发展出了一种特殊的机制，那就是避开烈日，在凉爽的夜间尽可能地收集储备二氧化碳，以供光合作用所需。在吸收二氧化碳的过程中，会用到一种特别的物质——磷酸烯醇式丙酮酸（PEP），含有这类物质的植物也被称为景天酸植物。

　　晚上，昙花吸收的二氧化碳会与 PEP 结合生成草酰乙酸，然后再变成苹果酸储备起来。等到白天，需要使用二氧化碳的时候，苹果酸又会发生分解，释放出二氧化碳。注意，这个时候昙花的气孔是关闭的，也就意味着昙花可以在一个封闭的小环境中安安稳稳地进行光合作用，再也不用担心水分流失的问题了。整个储备过程就好像昙花做了一次深呼吸。当然，这种做法也是有代价的——储存和释放二氧化碳会消耗很多额外的能量。不过，同宝贵的水分相比，这点能量又算得了什么呢？

有酸味的果子更好吃？

植物的果实中，主要有柠檬酸、酒石酸和苹果酸这三种有机酸，其中以柠檬酸和酒石酸居多。

在这里需要澄清的是，柠檬酸和酒石酸并不像醋酸那样有强烈的酸味，尽管它们确实都很酸。柠檬酸和酒石酸是酸味果实中代表性的有机酸，比如柠檬等柑橘中的柠檬酸、酸豆（酸角）中的酒石酸，这两种主力的有机酸都没有气味。至于柠檬的味道，其实来自柠檬中的柠檬醛等挥发性物质。

柠檬酸和酒石酸的酸味多少有些区别，柠檬酸的酸味更像长矛，进攻犀利且轻快；而酒石酸的酸味更像大刀，敦厚且持久。

与柠檬相比，酸豆的酸味显得更为温和，并且这种酸味没有丝毫刺激性的气味，这是其中的酒石酸的功劳。酒石酸是一种比醋酸分子个头儿更大的有机酸分子。虽然酒石酸的名气不如醋酸，但是它出场的机会并不少。我们熟知的"狐狸吃不到的那串酸葡萄"，就是因为酒石酸太多了才酸的。在葡萄酒酒瓶和酒塞上，偶尔会看到一些钻石模样的晶体，那便是结晶状态的酒石酸。这种酸性物质除了酸味，几乎就没有其他异味。这也是酸豆在不同菜肴中大显身手的一个原因吧。顺便一提，酒石酸的除锈能力也不错，酸豆的果实常被用于去除寺庙里铜像上的污垢和绿色的铜锈，尤其是在亚洲国家的寺庙。

植物如何用酸保护自己？

植物的酸味不仅能勾起动物的食欲，还能成为防御动物的利器。比如，草酸就是植物生存特别需要的化学物质。

首先，草酸可以与苹果酸等有机酸一起，将植物体内的pH值维持在相对稳定的范围内。作为一种有机酸，在氢离子浓度高的时候，草酸的酸根可以结合多余的氢离子；而当氢离子浓度降低的时候，草酸又可以释放出一些氢离子。这样一来，植物体内的 pH 值就稳定下来了，这对植物正常的生理活动至关重要。

在植物体内，草酸和钙堪称一对"好搭档"。研究发现，当大豆叶片中的钙浓度升高时，可观察到叶脉中开始大量积累草酸钙，这或许是为了防止过多的钙进入绿色细胞，影响正常的光合作用。此外，在植物缺钙的情况下，草酸钙会分解并释放出钙离子，满足植物生长所需。而且，草酸钙针晶本身就是植物保护自己的武器，误食了海芋会引发消化道水肿，就是因为海芋中含有大量的草酸钙针晶。

草酸的功能还不止这些，它还能帮助植物免受有毒离子的侵害。比如，当荞麦的根系受到铝离子伤害时，会释放出大量的草酸，把铝离子"捆绑"（螯合）起来，以减轻对植物的伤害。烟草甚至还能利用草酸排除体内的镉离子，草酸与镉和钙形成的晶体会进入烟草叶片上毛状体的顶端细胞，并随之脱落，烟草也因此解了毒。

今天来看，植物体内的酸与它们自身的代谢有着更紧密的关系，至于人类健康倒不是植物需要考虑的事情。不过，木已成舟，长时间的宣传推广早已让柠檬作为维生素 C 的代名词而深入人心。只不过，我们吃的酸味水果并不一定是柠檬，很可能是柠檬的亲戚。当年，很多在西印度群岛服役的英国海军的官兵吃的并不是柠檬，而是来檬，虽然名字只有一字之差，但是来檬的祖辈可是香橼、柚子、宽皮橘和箭叶橙，跟柠檬只能

算远房亲戚。

　　不管是金鸡纳还是来檬，都以特殊的方式支撑了人类的探险事业。如果没有这些植物提供的奎宁和维生素 C，人类对热带区域的开发就不会那么顺利。

史军老师说

那些让人酸掉牙的植物：

1. 柠檬（Lemon）

酸橙和香橼的"私生子"，以香气和柠檬黄著称。通常呈橄榄球形状，两端突出。香气浓郁，酸度适中，酸味比白醋要温和一些。

2. 来檬（Lime）

香橼和小花橙的"孩子"，俗称青柠。味道极具穿透力，比柠檬酸很多。如果把柠檬的酸味比作刀，那来檬的酸味就像矛，会扎舌头。

3. 黎檬（Rangpur）

橘子和香橼的结合体。外形略像柠檬，但切开来看，其皮薄肉多的特点会更像橘子。

4. 粗柠檬（Ponderosa lemon）

外形比较粗犷，是橘子和香橼的"私生子"。长相没有柠檬秀气，皮厚且粗糙。酸味介于柠檬和来檬之间。

5. 小花橙（Citrus micrantha）

长得不太好看的橙子，就好像被马蜂叮了满身包一样，所以有时候也叫马蜂柑。果皮又硬又厚，气味浓烈，隐约带有花椒的气息，酸味更是远超青柠。它与其说是水果，不如说是蔬菜更为贴切。

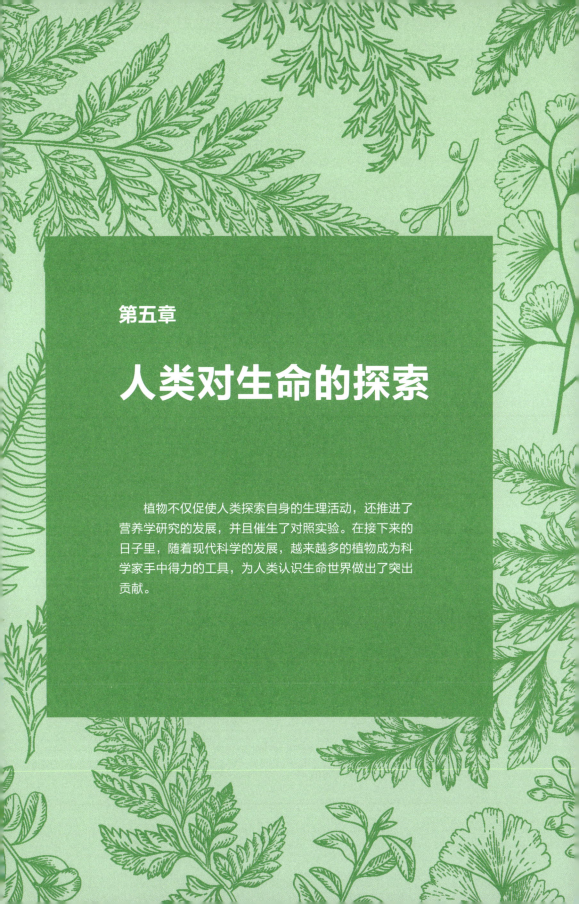

第五章

人类对生命的探索

　　植物不仅促使人类探索自身的生理活动，还推进了营养学研究的发展，并且催生了对照实验。在接下来的日子里，随着现代科学的发展，越来越多的植物成为科学家手中得力的工具，为人类认识生命世界做出了突出贡献。

　　2011 年，随着平板电脑的普及，一款名为《植物大战僵尸》的游戏风靡全球。在游戏中，玩家通过收集阳光能量，然后种植各种防御和战斗植物来抵挡僵尸的进攻，这里面最常用的就是不同形态的豌豆射手。虽然，在进阶关卡中，面对巨人僵尸之类的对手，豌豆射手会显得力不从心，但是毫无疑问，它们是陪伴玩家时间最长、给玩家留下印象最深刻的角色。

　　不过，要说我对豌豆最深刻的印象，还是在高中生物课上。说起高中生物课，大家印象最深刻的是什么？有人说洋葱表皮细胞，有人说给种在木桶里的柳树称重（证明植物积累的干物质大多来自光合作用）……但对我来说，最刻骨铭心的莫过于孟德尔的豌豆。那些折磨人的遗传学题目至今仍然历历在目：欧洲王室的血友病的发生情况，子女的单眼皮和双眼皮比率，以及果蝇的红眼和白眼问题。所有这些都起源于孟德尔的豌豆。

　　谁也没想到，这种默默无闻的植物竟然奠定了现代遗传学的基础。豌豆为什么会成为一个完美的遗传学材料？这并非偶然，豌豆特殊的基因分布促使了现代遗传学的出现。

豌豆花为何无视蜂蝶的授粉服务？

虽然豌豆在中国的栽培历史可以追溯到春秋时期，但这些小豆子的原产地实际上是亚洲西部和地中海区域。人类栽培豌豆的时间长达 7000 年，在欧洲和近东的新石器时代遗址中就有豌豆出土。

豌豆籽粒富含碳水化合物，一直以来都是人类的重要食物。加之豌豆一年可以播种两次，堪称优秀的农作物。在长期的培育过程中，人类培育出了很多不同种类的豌豆，比如荷兰豆。

豌豆是豆科蝶形花亚科的植物，这个家族的花朵形似小蝴蝶。它们的共同特征是都有 5 片花瓣，每片花瓣各司其职：上方最大且像旗子般招展的花瓣叫"旗瓣"，主要负责招蜂引蝶；中间两片像小翅膀一样展开的花瓣叫"翼瓣"；最下面两片是吃苦耐劳的"龙骨瓣"，它们一般是蜜蜂在花朵上降落的"踏脚石"，为了繁殖，它们任劳任怨。

在温暖的阳光下，花朵绽放，摆出亮丽的花瓣，放出迷人的香味，蜂蝶就会纷至沓来。不过，豌豆对此似乎无动于衷，它们根本不搭理这些需要"付费"使用的花粉搬运工。因为它

豌豆一直以来都是人类的重要食物。在长期的培育过程中，人类还培育出了很多不同种类的豌豆，比如荷兰豆。

们并不需要这些昆虫帮忙，自己就可以结出种子。

没错，豌豆花在开放之前，就已经用自己的花粉为自己的胚珠进行了授精。所以，蜜蜂来访花，也只是白忙活。

豌豆花这种自花授粉的习性，让我们很容易就能找到豌豆粒的"父母"。豌豆可不像那些盛开的梨花、苹果花，很难知道那些让种子生长的花粉是蜜蜂从哪朵花上搬来的。

如何用一粒豆子破解遗传密码？

150 多年前，有位神父对豌豆产生了兴趣。也许是因为太无聊了，就在神父一粒一粒地吃豌豆时，他忽然发现，这些豌豆粒长得不太一样：有的是绿色，有的是黄色；有的表皮光滑，有的表皮粗糙。为什么会产生这种差异呢？这位可爱的神父决定弄个明白。

幸好，豌豆没有全被煮成豌豆饭。于是，神父开始了一项伟大的实验。他把剩下的豌豆都播种在修道院的小花园里。在豌豆开花之前，他去除了花朵中带花粉的雄蕊，然后按照自己设计的组合给花朵人工授粉。

奇怪的事发生了，不管是用黄色豌豆的花粉，还是用黄色

豌豆的雌蕊，最终结出的豌豆都是黄色的。而将光滑豌豆和皱皮豌豆进行杂交，结出的所有豌豆都是光滑的。神父惊异地发现，中国的那句古话"龙生龙，凤生凤，老鼠的儿子会打洞"（如果他听过这句中文）简直是至理名言。人类第一次开始认真审视遗传的强大力量。对了，这位神父的名字叫孟德尔。

孟德尔没有就此止步。他把杂交产生的黄豌豆和光滑豌豆再次种了下去，结果发现，收获的种子里又出现了绿色豌豆和皱皮豌豆，且绿色豌豆跟黄色豌豆的比例是 1：3，而皱皮豌豆和光滑豌豆的比例同样是 1：3。也就是说，绿色和皱皮的特征并未随着杂交消失，只是被黄色和光滑这些特征压制住了。这些被压制却未消失的特征，其核心恰恰就是我们熟知的基因。这便是遗传学中的显隐性定律。人类的单双眼皮、大小耳垂、ABO 血型莫不如此。

遗憾的是，当时的人对神父的发现置若罔闻。直到半个多世纪之后，科学界才重新审视孟德尔的论文，并给予他应有的尊敬和荣誉。而此时，孟德尔已经离世，只有他的豌豆还在修道院的花园里静静绽放。

孟德尔用豌豆开创了现代遗传学。在孟德尔之后，经过100 多年的研究，我们才知道了染色体，知道了基因，知道了DNA。而这一切，都开始于修道院的那盘豌豆。正是因为孟德尔的努力，在后来的人类历史中，才会有更多植物推动了人类对于遗传学的认识。

不用种子也能种花？

上大学时，有一门功课让人既兴奋又头疼，那就是植物生理学实验。兴奋的是可以见识各种奇特的植物学现象，比如叶绿素的分离、植物染色体的固定，以及把切碎的小块胡萝卜培养到开花的状态。但头疼的是，很多操作都需要极大的耐心，并且要多次重复才能取得较好的效果。我还记得在做胡萝卜组织培养实验的时候，老师反复强调，胡萝卜一定要洗干净，容器和培养基必须充分灭菌，而且要少说话（因为飞溅的唾沫星子都可能造成污染）。果不其然，在第一次试验中，大多数人都"成功"地培养出了大量细菌，至于胡萝卜块则都沦为细菌的食物了。不过，确实也有同学的胡萝卜长出来一团泡沫状的东西，经过一段时间的培养，居然长出了胡萝卜幼苗。

实际上，一个芽尖，甚至是一个花粉细胞都能被还原成一棵绿色植物。这是因为植物细胞具有全能性。所谓全能性，简单来说，就是每一个植物细胞都有发育成一个完整植物个体的能力。实际上，生物的每个细胞都包含了完整的生命设计蓝图。只是在通常条件下，细胞只会选取部分设计信息进行"施工"。

　　为了让细胞开始实施"设计图"——复原整个植物体，就必须提供适宜的水分、温度和营养成分，这便是听起来很神秘的"组织培养"技术。如此看来，扦插柳树枝就是最简单的组织培养技术。今天，我们能以相对低廉的价格买到蝴蝶兰、百合、满天星等花卉，在很大程度上要归功于组织培养技术。这些花卉都是用茎尖或者其他组织培养的，不用等开花结果，也不用播种，一棵满天星就可以变成真正的"花朵星系"。

　　对于无法得到种子的植物，利用组织培养技术无疑是个好选择。2012 年，俄罗斯的科学家在探索西伯利亚的冻土层时，从地表以下三四十米的地方弄出来几棵 3 万年前的植物——蝇子草。虽然这些蝇子草的种子已经失去活力，但是果实中的"胎座"仍然有生命迹象。所谓"胎座"，就是像动物胎盘一样的结构。它是为种子发育提供附属和支撑的结构，像我们平常吃的西瓜瓤，还有吃冬瓜时撕下的那些白色瓤都是胎座。

　　胎座顽强的生命力与其独特的结构是分不开的。首先，作为供养种子的特殊结构，这里储备了大量的营养物质（特别是糖类物质），这为细胞的存活提供了重要的基础。其次，作为母体与种子物质交流的桥梁，胎座里的酚类化合物含量要比其他部位高得多，这种物质可以提高细胞对于干旱和温度的抗性，无形中延长了此类细胞的寿命。另外，胎座通常会被果实妥善包裹，也就避免了外界的侵染。

　　功夫不负有心人，蝇子草的胎座成功发育成小苗，小苗长成了植株，植株开了花，最终结出了种子。更让人欣喜的是，这些种子 100% 正常，它们可以像 3 万年前的同类那样发芽、开花、结出果实。

毫无疑问，想做好上面这个实验，必须熟练掌握植物组织培养技术。

时至今日，胡萝卜组织培养实验已经成为生物学中的标准训练实验。这不仅是因为胡萝卜便宜易得，更重要的是胡萝卜的细胞具有很好的诱导性，可以分化成叶子、茎秆等各种器官。于是，大量胡萝卜成为生物实验室里的材料，为培养生物学工作者做出了突出贡献。

烟草花叶病如何颠覆了人类对生命的认知？

人类认识病毒并不是从人类自身开始的，而是从植物开始的。

19 世纪，烟草种植者注意到，栽培的烟草会患上一种疾病：患病烟草的叶片先是变得黄绿相间、厚薄不均，接着畸形的叶片越来越多，植株也长不高，而且开花结果的情况要比正常的烟草差得多。因为患病烟草叶子上会出现黄黄绿绿的花

斑，所以人们将这种病害命名为烟草花叶病。

学者首先想到的是细菌这类致病微生物。从 17 世纪中叶开始，在英国科学家罗伯特·胡克和荷兰工匠列文虎克的共同努力下，光学显微镜得以发展，一个神奇的微观世界呈现在了人类眼前。在随后的 200 年里，细菌与疾病的关系逐渐被梳理清晰。但是，利用光学显微镜在患病的烟草上却看不到任何细菌和真菌。

科学家并没有放弃。1886 年，德国人麦尔把患病烟草叶片榨成汁，注射到健康烟草体内。不出所料，健康烟草也患上了花叶病。这个实验说明，花叶病确实是感染导致的。之后，科学家发现，将患病烟草的汁液用细菌无法通过的滤网过滤，结果这样的汁液依然可以让健康烟草患病。

1884 年，法国微生物学家查理斯·尚柏朗发明了一种特殊的过滤器——尚柏朗氏过滤器。与我们平常见到的筛子和滤纸截然不同，这种过滤器的基本材料是陶瓷。也就是说，只有比陶瓷中的空洞还要小的物质才能通过过滤器，细菌显然无法通过。1892 年，俄国生物学家德米特里·伊凡诺夫斯基在研究烟草花叶病时，发现将感染了花叶病的烟草叶提取液用尚柏朗氏过滤器过滤后，依然能够感染其他烟草。这说明，一定存在某种有毒物质通过了过滤器。但是伊凡诺夫斯基并没有深究，他误以为是细菌产生的毒素让烟草患病了，发现病毒的丰功伟绩就这样与他擦肩而过。

1899 年，荷兰微生物学家马丁乌斯·贝杰林克重复了伊凡诺夫斯基的实验，并且发现只有能够分裂的活细胞才会被过滤后的液体感染，这说明导致烟草患病的绝不是毒素，而是一种可以复制生长的物质，他把这种物质叫作"virus"（病毒）。然而，病毒实在太小了，直到 1931 年电子显微镜问世，人类才第一次看到病毒的真正模样。

人们最终认识到，病毒是一种比细菌还小的致病体，这些致病微粒要依靠活的细胞进行繁殖。有趣的是，病毒自身并不能进行复制，必须依赖其他生物的细胞。于是，"病毒究竟算不算生物"这个疑问，引发了一场旷日持久的讨论。

为什么嫦娥四号要带马铃薯和油菜上月球？

2019 年 1 月 3 日，中国嫦娥四号探测器成功登月。这个探测器带了一个"小菜园"奔赴月球背面，让绿色的叶子第一次出现在月亮之上，着实令人高兴不已。但是，看看带上去的生物多少会让人有些疑惑：马铃薯、油菜和酵母，这是真要在月球上做饭吗？

大多数宣传报道是从生态系统的角度来解释这种安排：植

物生产营养，果蝇吃植物，酵母分解动植物残骸完成循环。等等，好像哪里不太对，果蝇并不吃植物的绿叶，而且马铃薯、棉花、油菜、拟南芥并不会结出果蝇喜欢的果子。酵母也不能对付枯枝落叶，那是多数霉菌要干的事情。好吧，所谓构建生态系统或许只是一个美好的愿望而已。

又有人说，这些生物是为了食用而准备的。不信你看，马铃薯可以当主食，油菜能提供油料，油炸薯条配青菜（拟南芥），堪称完美。但是，拟南芥和果蝇怎么吃呢？其实大家都想错了，探测器上搭载的这些生物其实大有来头，它们叫模式生物。

什么是模式生物呢？顾名思义，就是用来当模型使用的生物。每当有新方法、新技术出现的时候，都需要先在这些生物体上做实验。这类生物通常要具备几个特点：生长繁殖周期要短，遗传信息要清晰，基因要容易编辑，生命力要顽强。

先说繁殖周期短吧，这一点很重要。拟南芥从发芽到产生种子只需要6~8周，能在短时间内繁殖很多代，方便验证各种科学设想。如果把实验对象换成大象，你会发现，养了10年它们还不能生育小象，这还怎么做实验。因此，我特别敬重那些研究大象的学者，不是每个人都能幸运地见证大象的一生，也许大象还活着，科学家却已不在人世。

遗传信息要足够清晰，这点怎么解释呢？我们可以把生物的基因组比作一本乐高手册，每一种生物的手册都是不一样的，所以"搭建"出来的生物也就千差万别。有些生物的手册很薄，有的很厚；有的描述很清晰，有的语言晦涩难懂。科学家会先挑选那些操作手册编写清晰、页码又少的生物进行研究，积累经验之后，再去研究更复杂的生物。果蝇和拟南芥恰恰是生物世界中基因组最小、最简单的物种。拟南芥基因组大约包括 1.25 亿个碱基对和 5 对染色体，在植物中算是小的。虽然看起来似乎仍是一个巨大的数字，但与其他植物的基因组比起来真的很小了，要知道禾谷类作物中基因组最小的水稻大约有 4.3 亿个碱基对，更不用提那些让人头疼的裸子植物和蕨类植物了。

拟南芥这样的模式生物，对于理解生命现象，完善基因调控技术，研究生物在不同环境下的应对策略都有着不可替代的功能和价值。

模式生物还有一个优点就是基因容易编辑，这是什么意思呢？还是用乐高的操作手册来打比方，就好比搭建时加入自己的创造，给机器人加个轮子、给飞机加个炮塔，搭建出的成品就会不一样。不是所有的手册都容易改写，或者说以人类目前的技术水平，还很难想怎么改就怎么改。而模式生物的遗传信息"手册"（DNA），相对来说是比较容易被改写的。

于是，像拟南芥和果蝇这样的模式生物，成为今天科学研究中重要的工具。它们对于我们理解各种生命现象、完善基因调控技术、研究生物在不同环境下的应对策略，都有着不可替代的功能和价值。

相信在将来，拟南芥这种不起眼的小草还会帮助我们在生命密码的迷宫中找到正确的通路。

史军老师说

在月球上种菜，这听起来像科幻电影才有的桥段，但科学家们正在努力让它变成现实！不过，月球环境可不像地球这般优渥。月球上没有空气、昼夜温差极大（白天约 127℃，晚上约 −173℃），还有强烈的宇宙辐射。要想在月球上种菜，就必须解决这些难题。没有氧气和二氧化碳，我们就建造密闭的温室，人工制造适合植物生长的空气。没有土壤，我们就直接用"水培"技术，把植物的根浸泡在营养液里。没有水，我们就勘探一下月球两极可能存在的冰，看看能不能开采出水资源，或者从地球运送水到月球上，再通过植物蒸腾水分，循环用水。如果成功，月球菜园不仅能提供食物，还能制造氧气，帮助宇航员长期驻留。

第六章

植物带来的
美学标准

　　植物对人类的影响不仅仅局限于饮食、医疗、能源
等领域，在贸易体系、美学标准以及人类的未来中，也
渗透着植物的"基因"。

　　公元前 6 世纪，新巴比伦王国的尼布甲尼撒二世为了缓解王妃安美依迪丝的思乡之情，修建了一座规模宏大、样式独特的花园。这座传说中的花园，采用立体造园手法，工匠们把花园建在由沥青及砖块构成的四层平台之上，而这个平台由 25 米高的柱子支撑。工匠们甚至为这座立体花园修建了灌溉系统，奴隶们不停地推动连接着齿轮的把手来提供灌溉用水。园中种植各种花草树木，远看犹如花园悬在半空中。这就是与中国万里长城、埃及金字塔齐名，被誉为世界七大奇迹之一的空中花园。

　　虽然空中花园是否真的存在仍然受到一些学者的质疑，但是人类追求美的愿望是一贯而终的。不管是中国汉代的上林苑，还是清代的圆明园，抑或是英国的邱园，其建造初衷都是满足贵族们欣赏和休闲的需求。这些园林不仅汇聚了能工巧匠的才思，更是集合了众多珍稀的植物。

　　在修建园林的过程中，对园艺植物的渴求，极大地推动了人类对植物的认知，同时促使人类深入了解植物的习性，并由此推动了物种收集和培育工作的极大发展。在人类制定的植物美学标准背后，隐藏着一段植物推动人类欲望不断张扬的历史。

人类为何总为植物疯狂？

什么样的植物是美的，这是一个很难回答的问题。所谓"萝卜白菜，各有所爱"，口味尚且如此，对美丑的评判更是五花八门，但是在某些特定时期，某些区域的人类会形成一些特定的花卉审美标准，其中最出名的当数在历史上留下浓墨重彩的郁金香。不过，我还是要从君子兰讲起，通过它去探寻这种统一审美原则背后隐藏的动力。

我对君子兰的大多数记忆，还停留在五六岁的时候。我清晰地记得，家中有一盆花，配有专门安放花盆的铁架。我时常听父亲说起这盆花来之不易，如果养得好，会价值连城。但这花在我看来，一点都不美，三指宽的墨绿色带状叶子透出的只有憨厚劲儿，完全没有美感。更关键的是，这花在我们家压根儿就没开过。这盆总是不开花的"神草"就是君子兰，一种叫兰却不是兰的植物。

君子兰虽然名中有"兰"，但是它跟真正的兰花并无关系。兰花的花朵大多两侧对称，雌蕊和雄蕊通常会结合成一个叫"合蕊柱"的柱状结构，同时还拥有一个特别的唇瓣，记住这

些特征，就能轻松分辨真假兰科植物了。君子兰是典型的石蒜科植物，6片辐射对称的花瓣、6个雄蕊、1个花柱和花朵下方的子房，都显示出它石蒜科植物的身份。它跟我们比较熟悉的韭兰、葱兰和朱顶红一样，都是石蒜科的代表性花朵。

君子兰并不是中国土生土长的植物，它的老家在南非的山林之间。直到19世纪才被欧洲探险家发现，但是这种植物并没有马上成为一种受重视的花卉，毕竟它的花朵算不上艳丽，植株也长得中规中矩。但是，这毕竟是欧洲老牌帝国开拓殖民地的象征，所以还是被德国人和荷兰人当作园艺植物开始培育，这种行为就像英国人把王莲属植物从南美洲带回伦敦，并且还给它安上了女王的姓氏一样。

1840年，德国传教士把君子兰带到中国青岛，但是并没有推广开来。至于说长春的君子兰，又是日本人在1932年带来的。在很长一段时间里，君子兰都只是私家园林中的玩物，并没有普及开来。直到20世纪40年代中期之后，才逐渐推广到中国民间，但在很长一段时间里，它都是一个默默无闻的花卉品种。

20世纪80年代的中国，到处都是蓬勃发展的景象，各种新鲜事物席卷神州大地。1985年，从东北长春开始，一股席卷全国的君子兰热迅速上演。这种原本默默无闻的花朵，在一段时间内被炒作成了"神花"，甚至出现了用一盆君子兰换一辆轿车的奇景。要知道，在那个年代，轿车可是相当于现在的游

　　君子兰曾被炒作
成了"神花"，甚至出
现了用一盆君子兰换
一辆轿车的奇景——
那个年代，轿车可是
相当于现在的游艇和
私人飞机的奢侈品。

艇和私人飞机的奢侈品，当时甚至出现了一花难求的局面。然而，这股热潮来得快，去得也快。热潮过后，君子兰就如同很多被热炒的植物一样，很快被人扫进了墙角。

实际上，同样的剧情400年前就在欧洲上演过。

1554年，奥地利哈布斯堡王朝的使节从土耳其获得了郁金香的种子，并培育出了实生苗，这是最早引入欧洲的郁金香种苗。直到40年后，郁金香种球终于来到改变它们命运轨迹的荷兰人手中。1592年，荷兰植物学家卡罗卢斯·克卢修斯获得了几个郁金香种球。1594年春天，郁金香第一次在荷兰的苗圃里绽放出艳丽的花朵。卡罗卢斯·克卢修斯根据花期，将郁金香分成了早花型、中花型和晚花型三种类型。谁也没想到，这几个种球在接下来的半个世纪中，竟然牵动了几乎所有荷兰人的生活。郁金香引入荷兰时，恰逢荷兰航海和贸易空前繁荣的时代。财富的积累让娱乐成为可能，贵族们需要彰显自己身份。郁金香生逢其时，承担起显示实力和地位的功能。而这场炫耀比赛的开端，多少有些戏剧性。卡罗卢斯·克卢修斯并不愿意与大家分享自己的郁金香，直到有一天，他的郁金香被偷了。这也间接成为荷兰郁金香产业的开端。

很快，像洋葱一样的郁金香球茎就与财富挂钩了。花色和花形越是新奇，售价就越高。到17世纪初，一个优秀品种的郁金香种球，其售价能高达4000荷兰盾，这几乎是一个熟练木工年薪的10倍。当时间的指针滑入1637年，郁金香的售价更是飙升到 13000 荷兰盾，用这些钱可以在阿姆斯特丹最繁华的地方买下一栋最豪华的别墅！

如此高昂的价格催生了一些在当时让人匪夷所思的贸易方式。由于培育的郁金香种球有很长一段休眠期，于是人们从交易开花的种球，变为交易没有开花的种球。在郁金香交易最狂热的时期，很多人交易的是仍然在苗圃里生长、尚未收获的种球，收购者买到的只是一纸供货合约，数月之后他们才能得到郁金香种球。而且，这种合约竟然还能再次交易（这就是最早的期货交易）。郁金香开创了一种全新的贸易模式，直到今天，期货交易仍然是金融市场的重要组成部分。

在这个疯狂的年代里，有一种被称为伦布朗型的郁金香独树一帜，成为众人争抢的目标。当时的人肯定不会想到，自己用重金换来的带有特殊斑纹和条带的郁金香花朵，实际上只是感染了病毒的"病花"罢了。

郁金香碎色病毒是自然界的艺术家还是破坏者？

在上一章，我为大家介绍过人类发现的第一种病毒——烟草花叶病毒，这种病毒可以影响植物细胞的色素代谢，从而让烟草的叶片上产生特殊的斑点。无独有偶，导致郁金香出现特异颜色的原因同样也是病毒。

在 17 世纪初的郁金香狂热时期，感染了郁金香碎色病毒的花朵备受追捧。染病的红色郁金香花朵上会出现类似火焰的黄色条纹，让花朵显得分外妖娆。

1637 年，荷兰园艺学家发现，把出现碎色状态的郁金香鳞茎嫁接到颜色正常种球上，会让后者也出现碎色的现象。只是当时的人们并不知道这是病毒在搞怪，真正发现花色改变的原因，已经是 20 世纪初的事情了。

后来人们发现，郁金香鳞茎之间的相互摩擦，以及在郁金香上吸食汁液的蚜虫，都可以成为传播病毒的媒介。只是时过境迁，伦布朗型郁金香已经在 19 世纪失宠了，那些纯色的健康郁金香反而更受大众欢迎。我们对病毒的认知，更多是被用于防控病毒，而不是诱导产生新的伦布朗型花朵。

郁金香碎色病毒之所以能形成复杂而精致的斑纹，是因为这种病毒可以干扰花青素的合成。在那些发病的细胞中，花青素无法正常积累，于是便出现了奇怪的色带和斑纹。而对于那些原本就不产生花青素的白色和黄色郁金香花朵而言，即便感染了病毒，也不会出现特别的条纹。这是因为，在这类花朵中并不存在可以被干扰的花青素合成过程，白色和黄色的郁金香始终都是纯色的。

人类对于稀有色彩的追捧，不仅体现在花卉上，还体现在衣物和饰品上。越是稀有、越是难以获得的色彩，就越受人追捧。

红花与茜草，谁是古代染坊的"红色之王"？

在人工合成染料出现之前，菊科植物红花可是为衣物增添色彩的重要物品。特别是在以红色为美的隋唐时期，红花更是受到追捧。唐代李中的诗句"红花颜色掩千花，任是猩猩血未加"，就形象地描绘出红花非同一般的染色效果。

红花的色素不需要特殊处理，就可以与衣物纤维紧密结合，用作染料是再合适不过了。这个特点看似平常，实则蕴含重要的优势。要知道，靛蓝染色时，需要用热尿液处理棉布，

才能让颜料更牢固地附着在衣物上。单是想想，就会让人感觉不舒服。这就足见红花的重要性了。

红花除了能染衣服，还是制作胭脂的原料，只是在做成胭脂之前还要经过一些处理。

红花中并非只含有红色的红花红色素，还有 20%~30% 黄色的红花黄色素。人们显然不希望最终染出胡萝卜色的衣服，怎样去除黄色素就成了加工红花红色素的必要环节。黄色素易溶于水，而红色素会在酸性水中形成沉淀，这便是分离两种色素的关键。

将带露水的红花采摘回来后，用"碓捣"把它们捣成浆，然后加清水浸渍，让黄色素溶解在水中，通过挤压去除汁液，花饼中残留的色素大部分都是红色素了。那些被挤出的"黄汁"会被细心的采花女收集起来，浸泡手帕和丝巾，然后在溪水中一冲，黄色素就被洗去了，黄汁中少量的红色素会把手帕染成淡红色，也算是做到了废物利用。

至于那些压干的花瓣，需要用发酵过的淘米水等酸汁冲洗，进一步去除残留的黄色素，这样就可以得到含有红色素的残花饼。如果想长期保存花饼，只需用青蒿（有抑菌作用）盖上一夜，再捏成薄饼状，然后阴干处理，制成"红花饼"存放即可。

使用时也很方便，只需用碱水或稻草灰澄清几次，待红色素溶解出来，就可以用来染色了。布料浸染过红色素后，用乌梅煮成的酸性水处理一下，红色就能牢固地附着在衣物上了。

除了红花，其实还有一种染色植物就隐藏在我们身边，那就是茜草，小朋友可能更熟悉它的俗名——拉拉藤。当我们穿着短裤在草丛中行走的时候，这些藤子上的倒刺就会割伤我们的脚腕和小腿。茜草的根系可以提供红色染料，只是颜色不如红花的红色那般鲜艳，所以红花的红被称为正红，而茜草的红则被称为土红。

当我们有了漂亮的衣物后，就该考虑如何把它们保护起来了。在蛀虫眼中，这些衣物可是绝佳的食物。我们对色彩的喜好，与植物给我们的基本信号密不可分。

厨房为何拒绝蓝色？

2017 年，百事可乐推出了一款新品，这款可乐不仅拥有全新的梅子口味，更关键的是它居然是蓝色的。上市之初，便一瓶难求，但是随之而来的评价却呈一边倒的态势。大多数网友给出忠告：千万不要被第二天马桶里的颜色吓一跳。人们追求的只不过是短时间的新奇和刺激，有谁能欣然接受食用烂乎乎、蓝乎乎的可乐鸡翅呢？

为什么如今很少会在厨房和餐厅里看到蓝色（蓝莓除

外）？这其实也是植物在人类基因里留下的印记。

　　我们要思考一个问题：蓝色是不是危险的信号？换句话说，蓝色是不是食物发出的警告？毫无疑问，蓝色的食物主要来源于植物，动物身上鲜有这种色彩，鸡鸭鱼肉自不必说，即便是多彩的昆虫也鲜有蓝色种类摆上我们的餐桌。难道蓝色的植物本身就意味着危险，以此来阻止我们去啃食蓝色的花果和枝叶，最终让我们在基因层面拒绝蓝色，就如同我们天生拒绝苦味那样吗？

　　警戒色并不是新鲜事。人们对动物的警戒色颇为熟悉，胡蜂黄黑相间的条纹、海蛇身上明晃晃的黄色都是有毒的标记。但是长久以来，很少有人关注植物的警戒色，毕竟植物可以通过光合作用制造养料，大多数情况下即使被动物啃食也能逐渐生长复原。看看办公室窗台上那盆反复被揪叶子泡水喝，却依然繁茂的薄荷，就知道植物的再生能力有多强了。

　　然而，这并不代表植物就不需要防御，也不代表植物就没有警示动物的警戒色。哀鸽在挑选一种巴豆种子的时候，会故意避开那些浅灰色的种子，专门选择那些带斑点的种子，因为浅灰色种子的毒性更强。通常被视为植物警戒色的颜色包括黄色、橙色、红色、棕色、黑色和白色，以及这些颜色的搭配，其中唯独没有蓝色。

　　如果蓝色不是危险的颜色，那为什么我们会不喜欢蓝色的食物呢？问题可能还是出在植物身上。

中科院西双版纳热带植物园的一项调查显示，在整个西双版纳热带雨林的 626 种果实中，红色的果实占 19%，黄色的果实占 13%，只有 1% 的果实是蓝色的。蓝色的果实不受青睐，其实不难理解，因为颜色的波长越长传播距离就越远，而蓝色这种短波长的颜色很容易被忽略。

那为什么世界上还会存在蓝色的果子呢？除了因为基因的遗传多样性，还因为很多蓝色果子的传播者是没有彩色视觉的。比如，蓝莓的"老主顾"灰熊就没有彩色视觉，在它们眼里整个世界都是黑白的，蓝莓长成什么颜色对它们来说都无关紧要。

相反，植物在爱好色彩的人类身上留下了爱吃的信号——红色和黄色，这也是大多数动物喜欢的颜色，鸟儿爱红，虫子爱黄。在长时间的演化历程中，不管是人类还是动物都更倾向于选择自己熟悉的食物，而不是贸然选择那些完全陌生的食物。而红色和黄色恰恰是植物世界中果实最常见的颜色，我们只是凑巧形成了这种选择偏好。附带说一句，更令人惊讶的是，在之前的调查中，黑色果实所占的比例为 40%，并且在光照条件不好的地方，动物更倾向于选择吃这些黑色的果实，因为黑色的果实在背景中更明显。这也就解释了为什么我们喝蓝色可乐只是寻求新奇刺激，却能欣然接受墨鱼汁拉面的美味，这其实也是受植物果实影响而形成的偏好。看来，麦当劳把红色背景换成黑色背景也不是拍脑门的决定。

人类也对植物做过一些匪夷所思的事，比如把橙色定义为

不管是人类还是动物，都更倾向于选择自己熟悉的食物，而红色和黄色恰恰是植物世界中果实最常见的颜色。

胡萝卜色。在自然界中，胡萝卜可不在意人类的喜好，颜色多得不得了。野生胡萝卜的根，有白、有黄、有绿、有紫，这并不奇怪，因为根本不存在什么选择压力，毕竟这些细瘦的植物根都埋在地下，也不是动物的主要粮食，偶尔啃食它们的牛羊也不在意它们的长相。这就如同人类并没有统一变成单眼皮或双眼皮，是因为两种人都能找到伴侣生育后代，没有选择压力便会有这样的结果。

对胡萝卜的长相影响最大的当属荷兰人。荷兰园艺学家的种植技术精湛，不仅培育了郁金香，更重要的是改良了胡萝卜。他们培育的胡萝卜又大又甜，让胡萝卜从野草变成了优质蔬菜。按理说，市场上的胡萝卜应该是多姿多彩的，然而荷兰的园艺师傅们有自己的小嗜好，他们就喜欢荷兰的幸运色——橙色。于是，留下的胡萝卜不仅又大又甜，还都是橙色的，至于其他颜色的，只能说抱歉了。就这样，橙色就同胡萝卜的颜色捆绑在了一起。意不意外，惊不惊喜？

要说颜色完全没意义，这也不准确。我们今天吃的西瓜几乎都是绿皮黑籽红瓤的状态。但是在 30 年前，生活就像一袋子西瓜，你永远不知道下一个切开的西瓜的瓜瓤是什么颜色，红瓤、黄瓤、粉瓤、白瓤的西瓜都能碰到。不过，瓜瓤的颜色与甜味真的有关系，红瓤最甜，黄瓤次之，白瓤最不甜。所以白瓤瓜去当了西瓜籽的生产者，黄瓤瓜变成了调剂色彩的龙套瓜，而充当主力的西瓜几乎都是红瓤的。顺便说一下，如果你

看到 17 世纪的西瓜，可能会吓一跳，那时的西瓜空空的，瓜瓤上还有孔洞，显然不如今天的西瓜丰满紧实，那不是因为西瓜长残了，而是人类强迫它们越来越丰满了。这一切都要归功于育种专家。

虽然持续了一个世纪的郁金香狂热以市场崩盘收尾，但是人类追求稀有植物的历程并没有结束，随着工业革命如火如荼地展开，为了充实植物园，一个崭新的职业应运而生，这就是植物猎人。

什么是植物猎人？

这其实是一个很难回答的问题，因为植物猎人这个群体很难界定。有人说他们是冒险家，有人说他们是博物学家，还有人说他们就是赤裸裸的物种强盗。无论如何，在 19 世纪和 20世纪初，植物猎人都是欧美贵族圈里的红人，不仅仅是因为他们可以带回新奇的植物，更重要的是，带回这些新奇的物种的举动，是蒸蒸日上的国力和科技发展的象征。

今天，我们在植物园能看到很多令人称奇的植物，王莲就是其中之一。这种有着硕大叶子的睡莲科植物，毫无疑问是植物园水池中的明星。但是，很多中国人可能都没有注意到，王莲的拉丁文属名是"*Victoria*"（维多利亚），竟然与英国女王同名。这并不是一个巧合，这种植物正是英国植物猎人献给女王的礼物，它见证了维多利亚时代的辉煌，也见证了英国植物猎人在全世界搜集奇花异草的黄金年代。从遥远的南美洲把这样奇异的植物运回英国本土并栽培成功，无疑是不断发展的科技和国力的最佳证明。

1837 年，英国探险家罗伯特·赫尔曼·尚伯克，在英属圭亚那首次发现了亚马孙王莲。巨大的王莲让探险家震惊了，在当时的传闻中，王莲是一种"花朵周长一英尺，叶片每小时长大一英寸"的神奇植物。英国植物学家约翰·林德利（John Lindley）经过鉴定，将王莲定为睡莲科下的一个属，并且以维多利亚女王的名字为这种植物命名。加上发现王莲的英属圭亚那是英国在南美洲的第一块殖民地，于是巨大的花朵、崭新的殖民地，这些要素交织在一起，让王莲多了几分更深层的含义，也与当时大英帝国的实力紧紧捆绑在了一起。

实际上，植物猎人为了让王莲活生生地展现在英国人面前，着实下了一番功夫。单说"如何让王莲开花"，就成了一场让英国园艺学家为之疯狂的竞赛，也成了不同家族的"角斗场"。各路人马不断尝试从亚马孙流域运回各种王莲的植物体。从 1844 年到 1848 年，多次努力都以失败告终。别说让王莲开花，就连让王莲植株在英国存活下来，都是极其困难的事。

　　直到 1849 年，英国的园艺学家才解决了这个问题。他们发现：一定要把王莲的种子保存在水里，才能维持它们的活性，否则王莲的种子就会死亡。1849 年 2 月，保存在清水中的王莲种子，活着来到了英国。同年 3 月，英国皇家植物园得到了 6 棵王莲植株，到夏天的时候，植株数量增加到了 15 棵。在当年 11 月份，亚马孙王莲终于在英国皇家植物园林——邱园，第一次绽放花朵。这是一场人类科学与自然法则对决的胜利。

　　王莲见证了维多利亚时代的辉煌，也见证了英国植物猎人在全世界搜集奇花异草的黄金年代。

茶树如何改变世界贸易格局?

　　植物猎人收集植物种子的工作，无疑也对植物学的发展起到了重要的推动作用。当然，植物猎人的使命，并不仅仅是收集奇花异草，他们也是推进帝国经济发展的重要力量。植物猎人来中国的第一使命，是获得茶叶的种苗和种植方法。

　　之前说过，中国从明末开始，实行闭关锁国政策。然而，中国却渴望白银这种可以作为货币的金属。因为在古代中国，以铜钱为本币的货币体系一直都没有建立起来，民众对于铜钱的购买能力持怀疑态度，而更倾向于接受更有公信力的白银，于是在古代中国的贸易体系中，对于白银的需求量越来越大。但遗憾的是，中国并不是白银的主要产区，这样就形成了货币需求和贸易之间的矛盾。

　　恰恰在这个时候，西班牙人和葡萄牙人在美洲找到了大量的黄金和白银。白银由美洲新大陆源源不断地输送到欧洲，进而变成购买茶叶的资金。

　　18 世纪，英国和中国的茶叶贸易规模之庞大，就如同巨

兽一般吞噬着英国的白银储备，而英国人对此束手无策。因为中国人似乎完全不需要英国人制造的商品，枪炮不需要，轮船不需要，就更不用说棉布丝绸了。从 1880 年到 1894 年，中国茶叶的关税收入达到 5338.9 万两白银；而在 1700 年到 1840 年，从欧洲和美国运往中国的白银超过了 17000 万两。

英国人不仅在中国，还在印度搜寻茶树种子和幼苗。实际上，英国人率先在印度找到了野生的茶树（普洱茶种），但是这些野生茶树的品质并不能满足茶叶生产的需求。于是，他们的目光还是转向了中国。

当时，清政府对于茶树外流管控严格，私自偷用茶树幼苗和种子会被处以极刑，但是在高额回报的诱惑下，还是有植物猎人铤而走险，将茶树走私到印度。后来，有一位植物猎人在中国获取了适合生产的茶树种子，他就是福琼。1851 年，福琼为印度带去了 12838 棵茶树幼苗，还带去了 8 名熟练的茶树工人。这为印度制茶产业奠定了基础。

印度这个新兴的产茶区域的兴起，让英国人完全摆脱了中国茶叶贸易的限制。而在这一转变过程中，植物猎人发挥了举足轻重的作用。

对美丽植物的追逐，不仅促进了世界物种大交换，也让人类在这个过程中更好地学习和认识了植物生长的基本知识，为开拓未知世界做好了准备。与此同时，对美丽植物的渴求，更是促成了最早的期货贸易，还催生了最早的金融泡沫，并且让寻找有价值的植物成为一项有价值的工作。而我们所追寻的色彩，在很久之前，植物就已经帮我们设定好了。

那些备受中国人青睐的观赏花卉：

牡丹："花中之王"，原产中国，南北朝时开始人工栽培，唐代成为观赏名花，刘禹锡的"唯有牡丹真国色，花开时节动京城"等诗句使其声名远扬。

菊花：早在春秋战国时期就有关于菊花的记载，东晋陶渊明的"采菊东篱下，悠然见南山"使其成为文人雅士品格象征。

史军老师说

芍药：与牡丹并称"花中双绝"，原产中国，在《诗经·郑风》中就有"维士与女，伊其相谑，赠之以芍药"的记载，被称为"花相"。

荷花：赏荷花的历史大概可以追溯到战国时期，吴王夫差为了讨西施欢心，特意在王宫中修建了"玩花池"，里面栽种的都是漂亮的水生植物，荷花自然是其中的明星。因为荷花出淤泥而不染的品质，这种花卉得到历代文人雅士的喜爱。

兰花：被誉为"花中君子"，孔子称赞"芝兰生于深谷，不以无人而不芳"，屈原在《离骚》中多次借兰言志，但是孔子和屈原写的并不是今天我们所说的春兰、建兰、墨兰和蕙兰，而是菊科的泽兰和佩兰。

第七章

人类的未来掌握在植物手中

　　人类自以为拥有了改造生命的能力，但是我们的饭碗中装着的仍然是植物的籽粒。如同与如来打赌的孙悟空，人类以为已经拥有了超越自然的能力，却仍然没有飞出植物的手掌心。

2004年，我还在中科院植物所攻读博士研究生。那年夏天，我背着行囊、带着标本夹只身一人来到甘肃南部的白龙江河谷，目的是调查这个区域的兰科植物分布情况。其中有一周时间，我住在一个叫憨班的小村子里，每天从海拔1500米的驻地出发，一路爬到海拔3000米以上的地方，在这里看到了杓兰、红门兰、虎舌兰等一众拥有独特花朵的兰科植物。但是，见到野生兰花的欣喜感终究无法抚慰缺油水的肚子，因为在憨班，每天的主食就是马铃薯，蒸的、煮的、烤的变着花样吃，唯独少了肉味。

于是，在工作结束的那一天，我和向导一起去了车程1个小时的镇上，买回了5斤肉，并且一顿饭就把这些肉都吃完了。看着向导全家人开心吃肉的样子，我不禁想起了自己童年时偷肉吃的场景。当然，偷的不是别人家的肉，而是自家厨房里的肉。20世纪80年代初，对大多数中国人来说，顿顿饭都有肉吃，仍然是个奢侈的想法。我的祖母会把买回来的肉炒熟，加入大量的盐和酱油，放在一个大缸子里。每次炒菜的时候，从缸里舀出一勺放在菜里，这就算是荤菜了。年少嘴馋的我，总会趁着大人不注意，偷偷跑到厨房去翻找这些酱油肉吃。被发现之后，大人们也不会真的生气，倒是会逼我喝下大杯大杯的白开水，因为那些肉真的太咸了。

想要实现吃肉自由，根本的问题还是需要足够的粮食，因为高质量的肉类生产需要大量的农作物饲料。毫无疑问，要想既能吃饱肚子又吃得好，还是需要回归到植物身上。

中国国家统计局公布的数据显示，2019 年中国全国粮食总产量 66384 万吨，比 2018 年增长 0.9%，创历史最高水平。然而，在日益增长的需求面前，这个数字仍然显得不够庞大。从"吃饱"到"吃好"，虽然只有一字之差，但两者之间横亘的是一条需要几何倍数增长的粮食才能填平的鸿沟。

随着以化肥和农药广泛使用为标志的绿色革命的发展，农作物产量有了极大提升。100 年前，中国平均粮食亩产通常不超过 200 斤，而到今天，粮食亩产上千斤已经是平常的事情，并且还在逐年增长。但是，化肥和农药支撑的农田系统已经显出了疲态，我们也无法把产量的突破完全寄托在这两种措施上。

于是，新的杂交育种技术和转基因育种技术就成了今天的必然选择。

杂交水稻和转基因技术之间究竟有什么关系？在新的生物技术支持下，植物真的可以满足我们无止境的需求吗？人类已经把自己饭碗的命运握在手中了吗？

杂交育种的逆向思维有多绝？

　　杂交是提高作物产量的实用技术。在孟德尔阐述遗传学原理之后，人类认识到把作物的优秀基因通过杂交组合在一起，就可以获得更为优秀的后代。道理虽然简单，但很多作物并非那么配合。

　　水稻是一种特别的植物，它们的雌蕊和雄蕊是同时成熟的，一旦开花，所有的雌蕊都会被自家雄蕊产生的花粉占据。根本轮不到外来的花粉送上去授粉，这在很大程度上阻止了杂交个体的出现。

　　这个难题同样困扰着"杂交水稻之父"——袁隆平先生。早期育种工作，更多的是通过收集稻田中的优秀个体来实现的，即把稻穗特别壮硕的水稻籽粒收集起来，播种到田里。但是结果却让人失望，种出的水稻全然不像它们的"母亲"那样健壮，不仅稻秆高高矮矮差异明显，连谷穗也是大大小小各不相同。因为不知道天然产生的杂交水稻的父本和母本究竟是谁，也就无从预测这些杂交个体的后代是否真的优秀。即便如此，要找到天然杂交个体，仍是十分困难的事情。

怎样才能高效地制造出杂交水稻的种子呢？袁隆平先生想到了去寻找那些雄蕊本来就不发育的水稻个体。

那么，怎样才能高效地制造出杂交水稻的种子呢？可能有人会说，直接把一些水稻花的雄蕊去掉，用其他花朵给它们授粉不就好了？如果你看过水稻开花，就会发现这个做法并不可行。每个稻穗上都有上百个小花，每个小花有 6 个雄蕊，要把它们挑拣干净，简直是不可能完成的任务。那水稻育种就走进死胡同了吗？

就在大家埋头寻找剔除水稻雄蕊的方法时，袁隆平先生想到了另一条道路——去寻找那些雄蕊本来就不发育的水稻个体。功夫不负有心人，袁隆平先生在稻田中找到了 6 株天然的雄蕊不发育的水稻植株，在接受了正常水稻花粉之后，这些雄性不育的水稻结出了稻穗，并且它们的后代里面也有雄蕊不发育的个体。1966 年，这个发现被发表在中国顶尖杂志《科学通报》上，但是当时这个发现并没有引起大家的注意。

之后的几年中，袁隆平先生的实验遇到了诸多波折，但他并没有就此放弃。他在一口废井中找到了 5 株秧苗，实验得以继续推进。可是，杂交的结果并不是很理想。这些杂交后代，并没有像大家想象的那样长得更高更壮。于是，社会上出现了"杂交无用论"。袁隆平先生的工作再次陷入了泥沼之中。

为什么杂交后的水稻没有优势呢？主要是因为这些栽培的雄性不育水稻同其他水稻的亲缘关系太近了。就像人类近亲结婚，有很大的可能会生下有缺陷的后代一样，这些亲缘关系近的水稻杂交后一样不会有什么好结果。

不过，故事并没有这样结束。在海南发现的一棵雄性不育的野生稻，拯救了杂交水稻事业。在引入这棵名叫"野败"的水稻个体之后，整个杂交水稻的发展道路被打通了。1976年，全国推广杂交水稻208万亩，增产幅度普遍在20%以上，中国的粮食产量达到了划时代的高度。1977年，袁隆平先生将之前的实践经验总结整理，发表了《杂交水稻培育的实践和理论》与《杂交水稻制种与高产的关键技术》两篇重要论文，中国的杂交水稻成为世界农业史上一个重要的里程碑。

到今天，杂交育种技术已经被广泛应用于水稻育种工作中。

不过，自然界存在的优秀基因毕竟是有限的，而育种筛选需要花费大量的时间，况且在天然植物中并不存在抗除草剂和高效抗虫害的基因。要想极大增加产量，还需要进行有目的的基因编辑。这件看起来只有在人类社会才会发生的事，其实在100万年前，大自然就已经在红薯身上操作过了。

谁是真正的基因编辑大师？

　　15世纪末，哥伦布带着一帮打算去亚洲找胡椒的兄弟误打误撞来到美洲。他们惊讶地发现，这里的人居然不种小麦和大麦，当地人的很多食物居然是从土里刨出来的，那些带着泥巴的块茎和块根居然就是当地人的主要食物。对于吃这些东西，欧洲殖民者十分抵触，因为小麦和大麦都是向着天空生长的，但是红薯则深深地埋藏在土壤之中，而那里是魔鬼撒旦的领域，怎么能够与魔鬼同流合污呢？不过，很快，欧洲殖民者的高贵信念就屈服于肚子了。人饿了总要吃饭，而红薯毫无疑问可以填饱更多饥饿的肚子。这是因为红薯提供的能量实在太强了，1万平方米的红薯每天能提供7000万卡的热量，而同样面积的小麦的产能只有4000万卡，仅为红薯产能的一半。毫无疑问，同样面积的土地种红薯，能够养活更多的人。

　　再者，红薯能提供人体必需的维生素C和胡萝卜素，简直就是天造地设的好食物。如今的红薯更是朝着高甜度、好口感的方向发展。然而，这么好的食物如今却备受质疑，因为很多朋友都觉得红薯这么软糯甘甜，还能养活这么多人，特别是还

红薯确实是转
基因作物，而且早
在 100 万年前就完
成了转基因。

有紫薯这个颜色特殊的品种，便认为红薯是转基因作物。

还真说对了，红薯确实是转基因作物，而且早在100万年前就完成了转基因。没错，这件事并非人类所为，而是大自然的杰作。其实，最初红薯祖先的根并非不粗壮，更像我们今天看到的沙参和桔梗。然而，就在100万年前，有一株红薯生病了。它的身体被一种叫根癌农杆菌的细菌入侵，红薯并未屈服，它顽强地挺过了这场疾病。就好像孙悟空在太上老君的炼丹炉里获得了火眼金睛一样，红薯在这场大病中获得了"发福"的基因。

根癌农杆菌是遗传实验室中最常用的工具。在这种细菌的体内，有一种叫质粒的特殊DNA。质粒更像是基因搬运工，它们能把一些基因"扛"在自己身上，送到被感染的生物基因中。在100万年前，质粒就把赤霉素基因强塞给了红薯，正是这个基因的加入，让细瘦的红薯拥有了发福体质，被培育成了人类不可或缺的食物。

其实，人类也有被转基因的可能。如果不幸患上艾滋病，就会经历类似转基因的过程。因为艾滋病病毒并不是完整的生命体，它们自己不能繁衍后代，必须借助人类的细胞来实现这一过程。要完成繁衍后代这件大事，艾滋病病毒必须把自己的基因先整合到人类细胞的DNA中，等到生产出足够多的病毒复制品时，就会把人体细胞弄破，然后再去感染其他细胞。不过，有些人体细胞会幸存下来，也就拥有了病毒的DNA。这也是艾滋病病毒可以在人体中潜伏很多年的原因。

人类之所以对艾滋病病毒没办法，还有一个重要原因是这些病毒太不稳定了，经常复制出错。因为复制出错，病毒的形态就发生了变化，我们的免疫系统刚刚记住病毒的样子，结果它"易容"了。这就是至今艾滋病疫苗无法成功研制的关键原因。

人类以为自己掌握了命运，掌控了对抗自然的法则，其实不过是自然界的"小学生"而已。我们今天运用的转基因技术，竟然与大自然在 100 万年前所做的如出一辙。

我们吃的玉米到底被转了什么基因?

中国的市场上不知从什么时候开始，出现了很多特别的玉米：糯玉米、水果玉米、彩色玉米，还有用于制作爆米花的玉米。也不知道是从什么时候开始，大家给这些"非正常"（与传统老玉米不同）玉米，都打上了似是而非的转基因标签。于是，一场论战开始了，各种辨别转基因的妙招应运而生。我们吃的玉米粒里究竟有没有转基因，这些基因又从何而来，美国的转基因作物又是如何发展起来的？今天我们就来唠一唠转基

因玉米的诞生历史。

实际上，玉米并不是最早的转基因植物，也不是最容易实现转基因的植物。恰恰相反，玉米的转基因道路远比烟草和矮牵牛这样的模式植物要复杂，并且最初的成功率很低。

玉米为什么会被选中，是因为美国人根本就不吃这种东西吗？当然不是，那是因为玉米本身就是美国农业的核心作物。美国主要种植四种农作物，包括玉米、大豆、小麦和棉花。2011 年美国玉米产量 3.28 亿吨，大豆产量 9032.82 万吨，小麦产量 6030.95 万吨，棉花产量 264.08 万吨，谁多谁少一目了然。

有意思的是，最初转基因作物的发展道路，并不是为了做出转基因玉米而设计的。实际上，与很多科学技术的发展道路一样，转基因技术也是先有技术，后有应用和商业上的开发。

转基因只需三步？

孟德尔告诉人类，生物的性状是遗传物质控制的；沃森和克里克告诉人类，关于性状的秘密就隐藏在那些双螺旋之中，并且那些信息也不过是四种碱基（A、T、C、G）排列组合的一个结果。但是要真正实现转基因，其实并不容易。

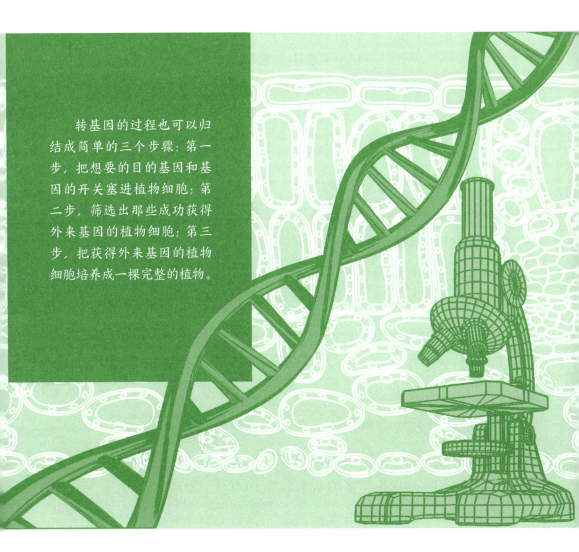

　　转基因的过程也可以归结成简单的三个步骤：第一步，把想要的目的基因和基因的开关塞进植物细胞；第二步，筛选出那些成功获得外来基因的植物细胞；第三步，把获得外来基因的植物细胞培养成一棵完整的植物。

　　就像把大象塞进冰箱只要三步一样（打开冰箱门，把大象塞进去，把冰箱门关上），转基因的过程也可以归结成简单的三个步骤：第一步，把想要的目的基因（比如抗病、抗虫或者抗除草剂基因）和基因的开关塞进植物细胞；第二步，筛选出那些成功获得外来基因的植物细胞；第三步，把获得外来基因的植物细胞培养成一棵完整的植物。

　　要想实现第一步就需要一个高效的基因运载工具。因为所有生物的细胞都有一层城墙一样的细胞膜，维持这层生命之膜的完整性对于细胞的正常生命活性至关重要。要想在不破坏细胞膜的情况下顺利通过这个"城墙"，就需要特殊的运载工具。1981年，人类的转基因技术终于有了突破，科学家发现，一种名为根癌农杆菌的细菌可以作为通过细胞膜的交通工具，把目的基因送进植物细胞。今天，我们知道，转基因的过程是依赖于这种细菌中的质粒，也叫闭合环状DNA。质粒才是真正能把目的基因投递到终点的"运载工具"（从此，质粒也成为很多生物学研究生的噩梦）。

　　仅有基因片段其实并没有用，生物体内的基因表现出自己的功能其实有着严格的时间和空间顺序，比如头皮上不会长出指甲，幼年的时候生殖系统不会发育，这些都与作为基因开关的"启动子"和"终止子"有关。尽管植物基因的"启动子"几难琢磨，但是科学家意外地发现，来自细菌的"启动子"DNA片段同样能够有效开启植物体内的基因。

现在我们能把基因送进细胞，但并非每一个细胞都可以接收新的 DNA 片段，如何排除那些没有成功的细胞的干扰就成了一个问题。这里出现了一个天才的想法，那就是用一个基因来筛选细胞。我们知道，自然界中有很多耐药细菌，其耐药性也是由基因决定的。于是，科学家们在插入植物细胞的基因上加上了一段抗卡那霉素的基因片段，只要基因插入成功，那么这些全新的混合体细胞就一定能抵抗住卡那霉素的侵袭，反之则会被卡那霉素杀死。通过这种方式，就筛选出了那些成功转化的细胞。

最后一步就是把转化好的细胞，重新变成完整的植物。到了 1981 年，植物的组织培养技术已经非常成熟了。可以利用有限的细胞分裂出需要的细胞团块，并进一步诱导它们发育成我们需要的植物体。

转基因技术的目标有了，工具也有了，但是运送一个什么样的基因进入玉米，反而成了一个棘手的问题。

抗除草剂作物是必然还是偶然？

　　谈到转基因玉米，不得不提孟山都公司开发的抗草甘膦（农达）玉米。实际上，草甘膦的推出时间远早于抗除草剂玉米。当时，草甘膦作为一种广谱除草剂，一度是孟山都公司的拳头产品，公司投入大量人力和物力去推广这款产品。这款除草剂的强大之处在于，不管是单子叶植物（如玉米、小麦），还是双子叶植物（如大豆、西瓜），都可以被它杀灭。那么问题来了，如何才能在有效杀死杂草的同时，又能确保农作物健康成长呢？能不能让农作物具备对抗草甘膦的特性呢？

　　德国科学家对于草甘膦的研究，为科学家们提供了新的解决思路。研究中发现，草甘膦实际上是通过影响植物细胞中酶的活性来达到杀灭植物的目的。在草甘膦的作用下，植物体内一种 EPSPS 合酶（5- 烯醇丙酮酰莽草酸 -3- 磷酸合酶）的活性会下降。这将导致植物体过量积累莽草酸，最终将植物毒死。

　　如果按照传统的想法，我们就需要从千千万万的玉米幼苗中筛选出那些能抵抗草甘膦的个体加以培育，这就如同大自然持续了亿万年的自然选择一样。但是这样的过程无异于买彩票，中奖的概率实在太低了。

这一次，科学家们改变了思路，他们开始尝试通过给玉米细胞导入新的基因，来改变这些 EPSPS 合酶的状态，让它们不再结合草甘膦，从而让玉米细胞避开草甘膦的侵扰，这样就实现了真正的定向杀灭杂草的目标。于是，抗草甘膦的基因被送入玉米的细胞中，这就是我们今天看到的大量抗草甘膦转基因玉米的由来。

有意思的是，虽然孟山都的设想和实验都走在前面，但是第一个真正实现这个目标的却是欧洲的实验室。

故事到这里并没有结束，实际上，对于一个作物品种而言，仅有一个优秀基因是远远不够的。所以，无论孟山都是否情愿，它最终还是与老牌育种企业先锋种业合作，从而培育出了真正的市场化产品。

写到这里，我们需要明确一个问题：转基因作物并不是心血来潮的产物，也不是某个科学家的疯狂想法，这一切都是科技发展到一定阶段的必然产物。如何正确认识这项技术，更好地规避其中的风险，充分发挥技术的最大效能，才是我们应该深入思考的问题。

转基因作物安全吗？

　　早在 1994 年，美国就已经有转基因番茄品种"莎弗"上市了；1997 年，我国也培育出了"华番一号"，并在通过检测后推向市场。大家不必担心，目前在番茄中导入的基因只是为了延迟番茄的成熟时间，抑制番茄体内部分特殊蛋白质的合成，从而关闭了降解细胞壁和使果实软化的"开关"。这样，就可以让番茄经得起长途运输，从千里之外的菜园来到我们的餐桌上。

　　当然，这些品种在投放市场前都经过严格的动物实验，所以也不用担心它们会干扰我们的肠胃和健康。美国食品药物管理局（FDA）对转基因番茄进行了老鼠实验。然而，老鼠并不爱吃番茄，无论是转基因的还是天然的生番茄，都不合它们的胃口。所以，在试验中只能用管子直接把番茄酱注入老鼠的胃里。第一次实验中，食用两种番茄酱的老鼠都安然无恙；第二次实验时，食用转基因番茄酱的 20 只老鼠中有 4 只出现了状况，而普通番茄组的老鼠则一切正常；不过紧接着的第三次实验结果显示，被灌食两类番茄的老鼠都出现了胃部损害。最终得出的结果是：大量摄入转基因番茄酱和普通番茄酱的老鼠都有胃部损伤的危险，毕竟番茄中的酸含量不低，对肠胃也无益处。

除了"莎弗"基因本身，还有人担心那些人工插入以判断转基因是否成功的另一类作为"指示灯"的基因。这些指示基因同"莎弗"基因是捆绑在一起的，如果转基因成功，这样的细胞就不会被抗生素杀死，反之则会被抗生素清除。为了进一步明确这个标志性的抵抗抗生素的外源基因对动物的影响，研究人员专门搞出了纯的由"莎弗"耐药性外源基因编码的蛋白，再次逼可怜的小老鼠吃下。即使当饲喂量达到 5000 毫克 / 千克体重时，老鼠依然活蹦乱跳。考虑到这种蛋白质在番茄果实总蛋白质（每 100 克"莎弗"番茄含蛋白质 0.85 克）中所占的比例不超过 0.1%，人类怕是很难通过吃番茄吃到老鼠的剂量，因为一个体重 60 千克的成人至少要吃下 350 千克的番茄才与实验老鼠的摄入量相当。并且在模拟胃的条件下（pH 值 1.2 的胃蛋白酶溶液，37℃），该蛋白在 10 秒内即被降解。显然，这个基因要想影响人体，还远远不够。

最终，FDA 得出结论："莎弗"转基因番茄跟市场上的其他番茄一样安全。这就是到目前为止关于转基因番茄安全性的认识。

作为转基因农产品的先锋，"莎弗"转基因番茄只在市面销售了 3 年。不过，它的退市倒是与这种番茄的安全性无关，纯粹是商业运作失败所致。这种新番茄售价很高，而运输和包装都跟不上，导致损毁严重。此外，一手培育这种番茄的加州

基因公司，虽然拥有能做转基因的生物技术人员，却缺乏懂得种地的农业技术人员。在没有跟其他传统育种公司合作的情况下，他们最终得到的有效转基因种苗只有 20%。公司因此经营不善，陷入亏损，最终倒闭。

总之一句话，千万别把科学家看成科学狂人，也不要把科学家当作能随心所欲的上帝，更不要把科学家看成能解决一切问题的万能钥匙。不管你是支持转基因，还是反对转基因，我们都已处于转基因技术发展的大环境中了。

时至今日，我们再也不用去厨房偷肉吃了，中国人的餐桌越发丰盛，食材也日益多样。人类早已不再是生活在树上的古猿祖先，然而我们并没有离开植物，我们也无法离开植物。不管是杂交水稻，还是转基因玉米，表面上看是人类操控植物的结果，而实际上，仍然是植物在帮助我们解决基本的粮食问题。如果没有水稻和玉米，即便有转基因技术，我们该用什么来转化阳光的能量呢？

我们不得不去思考一个问题，在人类社会前进的道路上，植物能持续支持我们吗？

史军老师说

植物是地球生态系统的基石，如果未来科学足够发达，人类能否用人工合成技术完全替代植物产出的氧气和食物？

试想一下，我们呼吸的是用太阳能分解水制造的氧气，吃的是细胞培养的肉、藻类蛋白或合成的营养剂，眼睛看到的都是塑料植物或 VR 森林……是不是太糟糕了？

终章

生命的终极奥义

　　最近几年，在每次植物讲座开场时，我都会提一个问题："大家喜欢动物，还是喜欢植物？"答案嘛，我用脚指头都能"想"出来。喜欢动物的孩子，占有绝对压倒性的优势。但是，每每到讲座结尾，孩子们总会把我的讲台围得严严实实。我知道，自己的努力已经在孩子们心中播下了植物学的种子。

　　我一直在思考，是什么让我们的孩子对植物学敬而远之，是什么让公众对植物学的误解如此之深，究竟怎样做才能让孩子们感受到每一片叶子背后跃动的生命魅力？让公众重新认识这门与生命、与世界、与自己的人生都息息相关的学科，正是我想做的事。

　　那么，究竟什么是植物呢？

　　有人说，需要靠土壤生长的生物就是植物。这显然是不对的。因为在自然界存在众多寄生植物，从西方传说中经常作为象征物的槲寄生，到背负"食人花"大名的大王花，这些植物都把根扎在其他植物的根茎上，获取水分和营养。更有甚者，有一种叫重寄生的植物，专门寄生在槲寄生的枝条上。显然，这些植物并不需要土壤。

　　有人说，依靠吸收太阳光来制造养料的生物就是植物。如今，我们已经能找出太多的反例，比如澳大利亚有一种兰花，它们一生都生活在地下，不管是生根发芽，还是开花结果都是在幽暗的地下完成的。那世界上有没有可以吸收太阳光的动物？还真有！有一种叫海蛞蝓的生物，能把海藻的叶绿体基因整合到自己的基因组里，自己生产叶绿素来进行光合作用。这在生物界也算得上一朵奇葩了。

为什么植物和植物学难以理解，甚至被奉为绝学？这并不是一个简单的问题。

但有一个核心原因不容忽视：人类无法理解植物，是因为人类选择了与植物完全不同的生存方式。作为动物家族的成员，我们选择依靠进食获取营养和能量。这是因为我们即便不穿衣服站在太阳光下进行光合作用，一天也只能生产出 100 多大卡的热量，相当于一两都不到的大米能给人类提供的能量。这样获得的能量，还不足以支撑大家正常阅读这段文字。要想获得足够的能量，估计每个人脑袋上都得顶上一个大大的像树冠一样的皮膜，这样的画面实在不敢想象。正因如此，人类选择了异养这条道路，简单来说，就是靠吃其他生物来获得足够的能量。这些能量也来自太阳光，只不过需要植物帮助我们将这些能量引入生态系统。

作为与植物完全不同的生命形态，人类真的很难理解植物的各种"小心思"。

但是，回溯人类历史，大家会发现，植物对人类社会的影响远远超出了我们的想象。我们的食物、文字以及社会组织结构都受到植物的影响，我们的经济、贸易以及对世界的探索都受到植物的支撑，甚至连我们的厨艺、肤色和长相都是由植物决定的。不仅如此，我们对遗传学、细胞生物学，还有转基因

植物对人类的影响不仅体现在今天的衣食住用行，还有人类的未来。

技术的认知也多半来自实验室里面的植物。植物对人类的影响不仅体现在今天的衣食住用行，还有人类的未来。我们对植物的认识，也是对自己的认识。

人类和植物的命运早就捆绑在了一起，还将一直延续下去。

植物和人类，究竟谁塑造了谁？

这并不是一个容易回答的问题。我们在使用杂交技术、转基因技术改造农作物，让今天的农作物与它们的野生祖先迥然不同，不会撒落种子的水稻、均一橙色的胡萝卜、果肉充盈的西瓜，到处都是人工改造植物的痕迹。但反过来看，人类就没有被改造吗？我们学会了用火，选择了定居，学会了齐心协力修建灌溉系统，甚至发展出了国际贸易，这一切的幕后主使都是植物。

在这些改变的过程中，并没有输赢和胜负之分，也没有绝对的好与坏。最初的改变也许仅仅是稍稍提高的效率、稍稍降低的毒性、稍稍提高的贸易利润，一切改变都来得静谧而隐秘，特别是植物改变人类行为的时间更是以万年，甚至数十万年为时间标尺，以至于我们无法察觉自己行为改变的起因竟然是植物。

时至今日，我们驯化的作物仍然是植物世界中的凤毛麟角，或者反过来看，恰恰是这些少数作物驯化了人类，成为今天的王者。

植物和人类，究竟谁塑造了谁？

这本身就是一个宏大的命题，我们可以把植物和人类视为互相影响的选择压力，我们和植物既是合作者也是竞争者。谁塑造谁，似乎已不再重要，只有努力适应彼此的存在，努力适应环境并生存下去，这才是生命世界的终极答案。

希望每位阅读此书的读者都能找到自己的答案。